「中の人」による
検証と考察

JN007399

腐ったテレビに誰がした？

鎮目博道

光文社

テレビマンが書いたテレビの悪口です。
ただし、愛のある。

世の中にテレビの悪口を書いた本はたくさんあります。でもそのほとんどはテレビマンによって書かれたものではありません。

私たちテレビマンからすると、**その悪口はだいたい的が外れています。**テレビの制作現場を知らない人が書いているから、なんか違うんだけど？　という内容が多いのです。

そして、テレビマンが書いたテレビの悪口の本はあまりありません。この先の仕事に影響するので、なかなか書けないのです。

でも、いま必要なのは後者の本だと思うのです。

ご存知のとおり、いまテレビは「オワコン」だと言われています。

テレビ業界全体がなんとなく意気消沈していて、みんなヤル気を失いかけています。

若者のテレビ離れや、広告媒体としてのテレビの地盤沈下《じばんちんか》が語られて久しいです。

「テレビはつまらなくなった」というフレーズも、聞き飽きるほど聞かされています。

そんなテレビ業界は、いまこそ古い体質から脱却して新しく生まれ変わらなければなりません。どこが悪いのか？　なぜつまらなくなったのか？　をちゃんと考えて反省するべきです。そのためにはまず、テレビ業界のどこがおかしいのかを、しっかり業界内部から情報開示すべきだと思います。

でも、テレビ局は、他人の情報を伝えるのは上手なのに、**自分たちの情報を伝えるのはとても苦手です**。他人の批判はどんどんするくせに、自分たちが問題を起こしたときにはなかなか情報公開しませんし、謝ることも少ない。

これじゃダメなんです。

内部の誰かがしっかりとテレビの悪口を言わなければいけません。

私はけっして優秀な「スーパーテレビマン」ではありません。

でも、かれこれ30年近く、いろいろな番組の制作現場でディレクターやプロデューサーをやってきました。25年以上、テレビ朝日で局員をしましたし、ＡＢＥＭＡというインターネットテレビ局の立ち上げも経験しました。遅ればせながら50歳で独立し、現在ではフリーランスとして番組やネット動画を制作しています。放送局の子会社である番組制作会社のプロデューサーも経験しています。

優秀とは言えないなりに、けっこういろいろな「立ち位置」でテレビ業界の現場を経験してきたという自負はあります。それなりに現場の事情通になっているはずです。

私はテレビ局のOBですから、悪口を堂々と書いても平気な立場にいます。まあそれなりに仕事はありますから、悪口を書いて干されるのは別に怖くありません。

そんな私だからこそ、テレビの悪口を書くしかないじゃないですか？　そして世間のみなさんに**「赤裸々《せきらら》なテレビ業界の内部事情」を情報開示する**しかないですよね。

この本を読んで、「あーなるほど、テレビのココが問題なんだ」と納得していただけたら、テレビが現在の世の中に合うように「アップデート」する意識改革のあと押しをしていただけませんか？　つまり、テレビ局への意見投稿です。視聴者のみなさんからどんどん指摘が来れば、テレビ局も変わらざるを得ないと思うんです。

テレビマンである私が願うことは、2つしかありません。

1つは、テレビがこの先もみなさんのお役に立ち、喜んでもらえること。

2つめは、私の後輩のテレビマンたちが、楽しく番組をつくり続けられて、ハッピーなテレビマン人生を送れること。

だから私はこの本を書こうと決意したのです。

愛する後輩たちと視聴者のみなさんに向けて。


「愛を込めて悪口を」

もくじ 腐ったテレビに誰がした？

1 番組の病巣

2 制作の闇

3 人材の裏側

4 周辺の実情

1

番組の病巣

ニュース
ワイドショー
バラエティ
ドラマ
ドキュメンタリー
選挙特番
戦争報道
歌番組
年末年始番組
紅白歌合戦

信頼をなくしたのは「レギュラーコメンテーター」がいるから。コメンテーターは毎日代えるべき

ニュース番組の基本は、当然のことですが「ニュースを伝えること」です。なにを当たり前のことを言ってるんだ！　とおっしゃる方もいると思いますが、じつは最近のニュース番組では「ニュースではないもの」を伝える時間がどんどん長くなっています。

なぜかというと、それは「ニュース番組自体がどんどん長くなっているから」です。**気がつくと朝から晩までニュースかワイドショーだらけ**になっていますよね？　その理由についてはのちほどあらためて書きますが、とにかくニュース番組の時間がどんどん長くなっているから、ニュースだけでは時間が埋まらない、となっているのが現状です。

では、ニュース番組でニュース以外にどんなことを放送しているのか？　というと、その代表的なものが「ニュースに対する意見や感想」です。「コメンテーター」と呼ばれる人やゲストなどをスタジオに呼んで意見や感想などを聞けば、ニュース以外のもので時間がかなり埋まるわけです。

もともとニュース番組にはコメンテーターはあまり出演していませんでした。スタジオにいるのは、アナウンサー、キャスター、お天気担当くらいで、項目によっては取材を担当した記者が出演して説明したり、そのニュース項目に関係する分野の学者や専門家が解説するのが基本形だったのです。

コメンテーターやゲストを呼ぶのは、もともとワイドショーの文化でした。芸能や文化、生活情報、視聴者の生活に密着したニュースなどを取り上げるのがワイドショーの役割です。「視聴者の共感」ということが非常に重要になってくるので、「感想を言うプロ」としてコメンテーターを呼ぶのが効果的な演出方法として確立されていました。

この「コメンテーターを呼ぶ」という演出方法は、いつしかニュース番組でも当たり前になっていきました。私の知る限りでは、テレビ朝日が久米宏《くめひろし》さんの『ニュースステーション』を始めたときに、レギュラーコメンテーターとして朝日新聞社の小林一喜《こばやしかずよし》さんを起用してから、ニュース番組にレギュラーコメンテーターが出演するのが一般的になったのです。

小林さんは、人柄も温厚で、ニュースに対する造詣も深い。バラエティ畑出身の久米宏さんをやさしくフォローする感じも素敵で、非常に素晴らしいコメンテーターでした。

ただ、よく考えてみてください。いくら経験豊富なジャーナリストでも、すべてのジャンルの取材経験があるわけではありません。「事件取材が専門」「政治部一筋」とか「海外特派員の経験が長い」など、それぞれ得意分野があります。ということは、裏を返せば苦手分野もあるということで、コメントしにくいニュースがあっても当然です。神さまではありませんから、**なんでも知っている人などいるはずがありません。**

「視聴者の共感」を大切にするワイドショーであれば、苦手なジャンルについて少し的外れなコメントをしても、それはそれで感想として「アリ」かもしれませんが、事実を正確に伝える使命を持つニュース番組では、いくらジャーナリストでも門外漢の感想や解説は、むしろ視聴者をミスリードするおそれがあります。

最近「日本のニュースは海外のニュースに比べると客観性に欠ける」とか「各局とも同じような論調に流されやすい」と言われる原因の1つが、この「レギュラーコメンテーターがいること」にあるのではないかと私は考えています。

別にコメンテーターの人を責めているわけではありません。「レギュラー」としていつでも出演していれば、どんなニュースに関しても聞かれればコメントせざるを得ません。そうなれば「にわか勉強」でもしてがんばってコメントするか、当たりさわりのない感じで「どこからも批判が来ないような一般論」を言うしかありません。なかなか「私はそれは専門分野じゃないからわかりません」とは言えないものです。芸能ネタやスポーツネタなどを聞かれて、たんなるオッサンの飲み屋トークみたいな感想を言わされているジャーナリストは、見ていて痛々しいしお気の毒です。

まして最近では、「若者の代表」的な立ち位置で、**特にニュースにくわしいとも思えない「妙にオシャレな学者さん」や「オピニオンリーダー的な起業家」**とかがレギュラーコメンテーターになっているニュース番組もあるので、いっそう「いったいなぜニュース番組でこの人のたんなる感想をいちいち聞かされなければならないのか」と疑問に感じるばかりです。

こうした「そのニュースにくわしくない人の感想」で時間を埋めて、ファクトを伝えるニュースの割合を下げることは、言ってみれば「事実を意見で水増ししている」ことです。そうやって水増しすることが、最近テレビニュースの信頼感が低下している原因になっているのは間違いありません。

テレビマン的な内輪の事情で言うと、たしかにレギュラーコメンテーターが決まっていたほうが手間はかかりませんし、人気者のレギュラーコメンテーターがいれば視聴率にもつながると考えるのは無理もないのですが、やはり長期的な視点に立つと、ニュース番組はレギュラーコメンテーターを起用するのをやめるべきです。

コロナ禍を経験して、多くの人が感じたと思うのですが、世間がテレビニュースに期待しているのは、信頼できる事実を客観的に伝えることです。

「解説者」として、そのニュースにくわしいコメンテーターがニュースをきちんと解説していくことが大切なのでは？　そのためには多少手間がかかっても、**その日のニュースに合わせて毎日別のコメンテーターを起用していく**ことが、ニュースの信頼を回復すると私は確信しています。

こんなに「ニュース番組」が多い本当の理由は「テレビ局の制作費不足」

テレビが、気がつくと朝から晩までニュースかワイドショーだらけになってしまっているのはなぜなのかを書きましょう。これは、簡単に言うとお金の問題です。テレビ局が**制作予算を節約しながら、いかに「大切な勝負どころ」で戦うか、**を考えて戦略を練ったあげくに、こうなっているのです。

では、「いちばん大切な勝負どころ」とはどこでしょうか。これは、みなさんも聞かれたことがあると思うのですが、「G」（ゴールデンタイム　19時から22時まで）と「P」（プライムタイム　19時から23時まで）です。テレビのコマーシャルがいちばん高い値段で売れて、収益が上がるのは19時から23時までの時間帯なのです。それに次いで重要なのは、若者がたくさん見ている深夜の時間帯です。土日も平日に比べると多くの人が見ているので、広告価値は高いです。

こうした「G・P」にできるだけたくさんのお金を使って面白い番組を制作し、他局との競争に勝つ！　というのがテレビ局の至上命令です。「Ｇ・Ｐ」に放送される番組の多くはドラマやバラエティですが、こうした番組をつくるにはお金がかかります。ですから、できるだけ制作費を投入してクオリティを上げたい。

とはいえリーマンショック以来ずっと、番組制作費は減少傾向が続いています。非常に限られたお金をできるだけ節約しなければならないというテレビ局のフトコロ事情があります。そんな中で、「比較的お金がかからないけれど、視聴率はそれなりにとれる番組」ということで、ニュースやワイドショーがどんどん増えてきたのです。

意外かもしれませんが、**テレビ番組の中では生放送番組は比較的安く制作できる**番組です。番組をつくるときにいちばんお金がかかるのは人件費。番組をつくるスタッフの人数や拘束時間が増えれば増えるほど、スタッフに支払うお金が増えます。

ドラマはワンカットワンカット準備をして撮影しますから非常に時間がかかります。それを編集するにもかなりの時間がかかる。

バラエティはドラマほど時間はかかりませんが、収録日までにいろいろロケをして、それを編集したＶＴＲを見せながらスタジオ収録をします。そしてさらにそれを編集するわけですから、やっぱりまあまあ時間がかかるし、それなりにお金がかかってしまうんです。

しかも、スタッフの人件費だけではなく、出演者の人件費（ギャラ）もかかります。ドラマでは、売れている俳優さんをいかに多くキャスティングするかによって勝負が決まりますし、バラエティでも人気芸人さんや旬のタレントさんを多く揃えないと見てもらえませんから、出演者のギャラをいかに多く払えるか、の勝負になってきます。

それに比べてニュースやワイドショーは、言ってみれば〝刺身〟のようなもので、放送日に話題になっているトピックをできるだけ新鮮なうちに、あまり手を加えないでそのますばやくお届けするのがいちばんのウリです。ニュース取材自体にはそれなりにお金がかかるのですが、**朝から晩までくり返し同じ映像を使い回しますから、多くの番組で費用を分担**できます。各番組の編集はというと、スタッフの人数こそ多いものの、ほぼ当日勝負でいっせいにエイヤ！　と仕上げてしまいますからそんなに時間はかからない。さらに生放送ですから、スタジオ収録や編集の手間がいっさいかかりません。

しかも最近では、ニュース項目の数もそんなに多くやらずに、スタジオでのゲストやコメンテーターのトークやパネルを使った解説の時間の割合が増えてきていますから、さらにお安く長い時間を埋めることができるわけです。

さらに、出演者のギャラという側面から見ても、相場の高い俳優や人気タレントが出演するのはせいぜい「番宣稼働」で新番組の宣伝に来るときくらいで、番宣稼働では番組側はお金はかかりませんから、つまりさほど高額のギャラは必要ありません。コメンテーターとして呼ばれる文化人系はギャラも安価です。

MCなどにタレントを起用するとそれなりのお金はかかりますが、いってみればお金がかかるのはその部分くらいで、**メインMC以外は局アナを大量投入**しておけば、アナウンサーにギャラは発生しませんから、番組としての負担はゼロです。

といったわけで、比較的おトクに時間を埋められるのがニュースやワイドショーなわけですが、たんに「時間が埋まる」というだけではなく、朝〜夕方の時間帯にテレビを見ている高齢者は時事問題に関心が高いので、とにかくニュースやワイドショーが好きなんですよね。だから、ニュースやワイドショーさえやっておけば安易に視聴率がとれる！　というのもテレビがどんどんニュースとワイドショーだらけになってしまう理由だと思います。

ニュース

ニュース番組が「裏取り」をやめてしまった理由は『週刊文春』

ニュースには必ず「裏取り」という作業が必要です。かつてはどのテレビ局でも「必ず裏取りをしろ」と言われていました。「裏取り」というのは、「情報がたしかにそのとおりである」という確認作業を自分たちですることです。

テレビ局の親会社はだいたい新聞社です。たとえばテレビ朝日の親会社は朝日新聞ですね。では、テレビ朝日のニュースでは「朝日新聞に書いてあることならそのまま放送してOK」かというとそんなことはありませんでした。たとえ親会社が報道していても、その情報の裏を自分たちで取らない限り、ニュースとして放送することは許されません。それが、**独立した報道機関の姿として当然のこと**なのです。

そしてテレビ局は「通信社」とも契約を結んでいます。共同通信社や時事通信社という、ニュースを24時間配信してくれる会社です。専用の端末がテレビ局内にはたくさん置いてあり、どんどん記事が送られてきます。しかし、こうした記事も「裏取り」をして自分たちで真実である証明をしない限り、ニュース番組では放送しませんでした。

ちなみに、ワイドショーの一部では、以前から新聞紙面などをそのまま放送するコーナーはありました。朝の番組で「今日の朝刊各紙はこんな内容の記事を報じています」というコーナーをご覧になったことがありますよね？　私の知る限りでいうと、ああいう「紙面紹介」のコーナーを始めたのはテレビ朝日が１９８０年代初頭にやっていた『おはようテレビ朝日』という番組の「ヤジウマ新聞」というコーナーです。のちにこのコーナーは『やじうまワイド』という名物長寿番組になりました。

テレビ朝日系列には、制作能力があまりない新しい地方局が多かったので、自社でローカル情報番組をつくれません。そういう地方局のために、全国で放送できる朝の情報番組を低予算でつくらなければならなかったのでこの番組が生まれたと、先輩から聞いたことがあります。

少し話がそれましたが、こうした朝のワイドショーなどで新聞をそのまま紹介することはあったものの、ニュース番組では**「裏取り」をしないまま他社の報道内容を放送することはけっしてなかった**わけです。

でも、最近ではこうした「裏取り」をしないで、新聞や雑誌に書いてあることを「○○

新聞によると」などというフレーズを付けてそのままニュース番組で放送するのが、当たり前のようになってしまいました。テレビはいつの間にか、自分たちで情報を確認せずに、他社が報道していることをそのまま垂れ流すようになってしまったわけです。そして、そのきっかけを作ったのは、とある週刊誌です。

そう、それはあの『週刊文春』です。「文春砲」などという言葉が流行り始めた2010年代後半から、『週刊文春』の記事や写真、あるいは動画や音声の録音などをテレビが簡単に使えるようになりました。ある〝システム〟を『週刊文春』の発行元である文藝春秋が始めたからです。

それは、使用料を支払い、「スクープがスマホで！　週刊文春デジタル」という『週刊文春』が用意しているテロップを番組の画面に表示すれば、**どの番組でも『週刊文春』から素材を借りて放送することがほぼ許可されるという、ある意味画期的なシステム**でした。

このシステムが登場するまでは、テレビ番組が週刊誌の誌面を使用するためにはその週刊誌の編集部に条件などを個別で相談しなければなりませんでしたし、許可が下りるかどうかもはっきりしませんでした。「無料で使ってもいい」と言われることもあるし、「それはウチのスクープだから、使ってはダメです」と言われることもありました。

それがほぼ一律《いちりつ》の使用料で、決められたテロップを画面に載せればだいたいＯＫが出るようになったわけですから、『週刊文春』はテレビマンにとって、とても「助かるし、頼りになる存在」になりました。「文春砲」は次々にスクープを連発してくれますし、その素材を貸してくれる……ならもう自分たちで取材しなくても、「週刊文春によると……」で放送してしまえばいいじゃないか、ということになってきたわけです。

『週刊文春』側にとっても、これはとてもいいシステムでした。スクープ記事を掲載するときには、テレビ局が喜んで使ってくれるような動画や録音素材を用意しておけば、各局が飛びついてくれて、朝から晩までニュース番組やワイドショーで宣伝をしてくれますから、売り上げ部数が伸びます。それに、テレビ局が支払う使用料という、安定的な収入源も増えたわけです。まさに一石二鳥ですね。ある意味「ＷＩＮ－ＷＩＮ」な関係だとも言えるでしょう。

でもその結果、**テレビ局が「スクープ」と呼ばれるような独自のニュースを出すことは、ほとんどなくなって**しまいました。『週刊文春』のみならず、ほかの新聞や週刊誌の報道内容をそのままニュース番組で紹介するのが当たり前になってしまったからです。そして、テレビ局のスタッフが現場に行って自分たちで取材をすることがどんどん少なくなってしまいました。

そこに「テレビ局の収益悪化による予算削減」も重なってしまいました。テレビ局の報道局は「ニュースの取材に専念する記者」と「ニュース番組の制作をするディレクター」の両輪で成り立っているわけですが、「新聞や雑誌の情報を元にディレクターがニュースをつくることができる」ことに気づいてしまった各局は、記者を減らし予算を削減する傾向にあります。

こうしてどんどんテレビのニュースは、自分たちで裏取りをせず、週刊誌のスクープをネタにスタジオトークで時間を埋めるようになってしまいました。私は、このことは長期的に見ると**テレビの報道機関としての信頼性に深刻なダメージを与えている**のではないかと、とても危惧しています。

ニュース番組が取材に行かなくなった理由はスマホの普及

ニュース番組がやめてしまったのは「裏取り」だけではありません。いまやもっと大切なこともテレビ局はやらなくなりつつあります。それは、自ら取材に出向くことです。

本来であれば、テレビ局のカメラマンが現場に足を運んで映像を撮影し、それに同行する記者やディレクターが現地で聞き込み取材をして、生の最新情報を独自でゲットしてくるのがニュースの基本なのです。**当たり前なその「イロハのイ」のようなことがだんだん行われなくなってきている**のです。

テレビ朝日が運営している視聴者映像・写真投稿サービスの名前は「みんながカメラマン」というのですが、とてもいいネーミングだと思います。スマホを誰もが持っている、つまり誰もが性能の良いビデオカメラをいつでも持ち歩いている時代はまさに「みんながカメラマン」というわけです。

「みんながカメラマン」時代になると、プロのカメラマンであってもスマホにまったくかなわない状況がどんどん増えてきます。たとえば「自然災害の映像」は、被害の甚大《じんだい》な場所にちょうどいいタイミングで行かなければ決定的瞬間は撮影できません。火事もそうです。何かの犯罪行為の瞬間もそうです。

そもそもニュース映像というものは、あらかじめ起きることがわかっている「記者会見」や「国会内部」「容疑者の移送」「首脳会談」みたいなもの以外はほぼ、狙っていい映像が撮れるものではありません。ですから、いくらテレビ局にたくさんカメラマンがいたとしても（実際には各局ともそんなにたくさんいるわけでもないのでなおさら）、スマホがプロに勝って当然なのです。スマホを持った一般人カメラマンは日本じゅうに数えきれないほどいるわけですからね。

となれば、テレビ局も「自分たちで撮影に行くよりも、誰かが撮影した決定的映像を探すほうがいいじゃないか」と考えても当然です。こうしてだんだんカメラマンが現場に撮影に行くことは少なくなってきました。代わりにテレビ局が「動画投稿サービス」の充実に力を入れたり、テレビ局の社内で**「SNSや動画サイトなどの投稿をウォッチして、いい映像を探す」専属チームを組織する**ようになりました。映像は「撮る時代から探す時代へ」と変わってきたのです。

この傾向をさらに推し進めたのが「コロナ禍」です。感染を広げるおそれがあるということで各局とも番組に「できるだけロケに行かないこと」という指令を出しました。コロナ対策のためにニュース番組の制作現場は、インタビューはリモートで済ませて、映像はできるだけ取材対象者が撮ったものを提供してもらうようになったので、ますます自ら取材に行かなくなったのです。

　スマホの映像に頼るようになったのは、百歩譲って仕方ないとしましょう。たしかにそのほうが「その瞬間を捉えた映像」も多いですから。しかし、カメラマンだけでなく記者やディレクターまで現場に足を運ばなくなってしまったのは、かなり問題だと思います。「映像を撮影してくれた人に、撮影したときの様子を聞けば現場に行かなくても記事が書けてしまう」という流れがあるようですが、これだとニュースの信頼性をかなり損なう事態が起きる可能性が高いからです。

　まず、現場に記者が行かないと、提供された映像が仮にニセモノであっても、それを見抜くことがとても難しくなります。現に、**まったく関係ない過去の映像や外国の映像、ネタ映像などをニュース番組で放送してしまうなどの信じられないミス**がちょいちょい発生しています。提供してくれた人の間違い、という場合もあるでしょうし、中には「マスコミをだましてあざ笑ってやろう」という悪質な確信犯もいて、そういう人にまんまとひっかかると、メディアの信頼性はガタ落ちになってしまいます。

そして、これは映像だけでなく情報についても同じこと。まったくデタラメな情報をニュースとして放送してしまう危険性が非常に高い状況にあると言えるでしょう。「フェイクニュース」が生まれる土壌はここにもあるわけです。

ウソ映像やウソ情報を放送してしまう危険性だけではありません。もしその提供映像や情報が正しかったとしても、そもそもインターネット上から拾ってきたりしたものですから、情報の鮮度としては低くなってしまうことは避けられません。「どうせテレビを見ても、もうSNSなどで見た情報しかやっていないから、つまらない。だから見ない」という人がどんどん増えていってしまうわけです。

こんなことを続けていては、**「テレビはネットのまとめサイト」という皮肉な状況が定着**してしまい、「テレビは情報が遅くて、信頼性も低い」という悲しい状況になりかねません。これでは若者がテレビを見なくて当然です。

ということで、いくらネット上から映像や情報を探すのが大切だとしても、テレビ局は自分の足で現場に向かい、情報と映像を自力で集め続けるべきだと私は思います。

ニュース番組の特集が少なくなった理由は、「鉄板ネタ」の取材が「コンプラ」でできなくなってしまったから

テレビのニュース番組は「1つの番組のように見えてじつはいくつもの番組が重なってできている」のを知ってますか？　ニュース番組はだいたい、**性格の違う別の番組が、まるでサンドイッチのように重ねられて1つになっている**場合が多いんです。ではどんなものが重ねられているかというと、いくつかのパターンがあります。

いちばんわかりやすいのは、「ニュースコーナー」と「スポーツコーナー」が重なっているケース。夜のニュース番組などがそうで、制作スタッフも「報道局」と「スポーツ局」という、別の組織でそれぞれのコーナーを制作している場合が多いです。

そして、もう1つ代表的なのが「ローカルゾーン」と「ネットゾーン」が重ねられているケース。お昼のニュースや夕方のニュースはこういう場合がほとんどです。ローカル局が制作するローカルゾーンと、東京キー局が制作するネットゾーンが重なり合って「あたかも1つの番組」になっています。少しややこしいのですが、17時から19時までの2時間

の夕方のニュースを例にくわしく説明すると、たとえば　①17：00〜17：20の全国ネットニュースゾーン　②17：20〜17：35のローカルゾーン　③17：35〜17：50のローカルゾーン　④17：50〜18：20の全国ネットニュースゾーン　⑤18：20〜18：45のローカルゾーン　⑥18：45〜19：00のローカルゾーン　といった具合に分かれています。

この場合、全国すべての系列局で共通して放送されているのは①と④だけ。大阪や名古屋、札幌、福岡、広島、仙台といった大都市圏にある、比較的大規模な地方局は自分たちで長時間のローカル番組を制作している場合が多いですから、②③⑤⑥はすべて自分たちの地方のニュースと生活情報、特集、天気などを放送します。

しかし制作能力が低い中小の地方局は、そんなに長い時間を自社で制作できませんから、たとえば②と⑤だけローカルニュースを放送して、③と⑥は東京キー局制作のローカルゾーンをそのまま放送したりします。

複雑な構造ですね。業界用語で「飛び乗り」「飛び降り」というのですが、全国各地の放送局がめいめい、東京が制作するものと自局が制作するものをチョイスしているのです。これを可能にするには、それぞれのゾーンの開始&終了時間を秒単位できちんと守らなければなりません。これを「確定」と言います。右の例の場合、確定は5回ありますよね。

この「確定」で「飛び乗ったり飛び降りたり」するわけです。私が「サンドイッチのように別番組が重なっている」といった意味がおわかりいただけたでしょうか？

では東京キー局はローカルゾーンにどういう内容のものを制作すればよいか？　ローカルとはいえ一部の地方局がそのまま放送する場合が多いですから、**「どローカル」な内容は放送できません。全国どこで見ても面白い内容**にしなければいけないわけです。

ですからだいたい、①特集を放送する　②トレンド・グルメコーナーを放送する　③全国ニュースを放送する　の3パターンになるのです。かつて「夕方のニュースの顔」だったのが①の特集で、各局いかに面白いものを放送するかで競争をしていました。典型的なものが「スズメバチハンター」「鍵開け職人」「万引きGメン」などの仕事人密着ものや、「迷惑河川敷ゴルファー」「ゴミ屋敷」「危ない暴走自転車」などのトラブル取材もの、そしてさらに「人情移動販売車」「犯罪の瞬間激撮」「詰め放題バスツアー」などで、こういう名物企画を覚えていらっしゃる方も多いでしょう。じつは私も長年、こうした夕方のニュースの特集コーナーの制作を担当していましたので懐かしいです。

しかし、最近こういうのを見なくなったと思いませんか？　じつはコロナ禍に入ってから特集の制作本数はガクッと少なくなってしまったのです。番組によっては特集を制作する「特集班」を解散してしまったところもあるくらいです。

理由はいくつかあります。コロナ禍で取材がしにくいとか、予算が減ったとか、そういう理由ももちろんありますが、かつての仲間から聞いて驚いたのは**「局のコンプライアンスの基準があまりに厳しくなりすぎて、特集を制作しにくくなったから」**という話。

「危険な取材をスタッフにさせてはいけない」とか「長時間労働につながるような密着取材はできるだけ避けるように」というような指令ならばよくわかりますが、ええっ？と耳を疑ったのは、「現場で撮影したときに注意したか」というような指摘まで受けることが多いというのです。たとえば犯罪の瞬間を隠れて撮影したとしても、「局として注意をしなければ、犯罪を助長したと言われるので放送できない」などと局のチーフに言われたら、こりゃもうどうにもニュース特集は成立しませんよね？　だったら特集とか放送しないで、コロナの話を延々とやったほうがいい。スタジオでニュース解説しよう、ということでどんどん面白い特集は減ってしまっています。

〃いきすぎたコンプラ〃がテレビをつまらなくしているということは、よくバラエティ番組などで議題に上がりますが、じつはニュース番組でもそういうことはあるのです。

ワイドショー

ワイドショーはニュースより必ず情報が遅れる運命にある……なぜならニュースとは「組織とつくり方」がぜんぜん違うから

なぜ日本のテレビは朝から晩までワイドショーとニュースだらけになっているのかということはすでに説明しましたけれど、ではみなさんはワイドショーとニュースをちゃんと区別できているでしょうか？　朝から晩まで、**どの番組がワイドショーでどの番組がニュースでしょう？　ぶっちゃけ見た感じほとんど同じ**ですので、正確に区別するのはなかなか難しいのではないかと思います。

答えを言いますと、ニュースなのは（5～30分くらいの短い定時ニュースと、ワイドショーを放送していないＮＨＫとテレビ東京系列を除けば）夕方に放送しているいわゆる「夕方のニュース番組」（日本テレビ系列『news every.』、ＴＢＳ系列『Ｎスタ』、フジテレビ系列『イット！』、テレビ朝日系列『スーパーＪチャンネル』）と、夜22～24時台に放送しているいわゆる「夜のニュース番組」（日本テレビ系列『news zero』、ＴＢＳ系列『news23』、フジテレビ系列『FNN Live News α』、テレビ朝日系列『報道ステーション』）で、それ以外の番組はほぼすべてワイドショーです。

　つまり朝から晩まで放送している〝ニュースっぽい番組〟のほとんどは、じつはワイドショーなのです。「べつにワイドショーでもニュースでも、やっている内容はほとんど同じだし、どっちでもいいじゃないか」と思われる方も多いでしょう。しかし、ワイドショーとニュースは見た目はほとんど同じですが、**つくり方も内容も本当は「似て非なるもの」といっていいほど大違い。**ちゃんと区別をして見ないと損をするのではないかと、私は声を大にして言いたいのです。どういうことかくわしく書きますね。


「ちゃんと区別して見ないと損をする」と私が主張する大きな理由は「情報の鮮度と正確さがワイドショーとニュースではまったく違う」からです。誤解をおそれずに言うと、ワイドショーはニュースに比べると必ず情報が遅れるし不正確になるのです。その理由は、番組の制作方法や組織がまったく違うからで、言ってみればどうすることもできない宿命的なものなのです。

　いまでこそワイドショーとニュースは「見た目ほぼ同じ」になってしまっていますが、かつてはまったく違う番組でした。芸能や事件、生活情報をレポーターが取材して、その裏側にある人間ドラマをスタジオにいるゲストがトークし、それを演出してドラマチックに掘り下げるのがワイドショーです。主婦層などをメインターゲットとして共感を大切にする情報バラエティ番組なのです。私は「人間とはなにか」といったところをショーアップするのがワイドショー番組の肝ではないかと思っています。

番組を制作するのは、「社会情報局」とか「制作局」などと呼ばれる部署で、エンターテインメントとして番組をつくることを主目的としている組織でした。

それに対してニュース番組は、ストレートニュースを中心に、「報道機関として客観的事実を報道する」ことを主眼に置いた番組でした。番組の放送時間はだいたい30分以内が多くて、長くても1時間くらいでした。基本的には演出やトークをすることは必要なく、事実そのままをすぐにお伝えするのが大切です。制作にあたるのは、放送記者たちが所属する「報道局」で、全国の系列局が共同で制作します。

このようにまったく別のジャンルだったワイドショーとニュースが、徐々に歩み寄りました。ニュースは各局の視聴率競争の中で、「他局より長いほうが視聴者が増える」ということでだんだん放送時間が延びていき、ワイドショーの手法を取り入れて**演出の要素やスタジオトークの時間が増えていって「ワイドショー化」**していきました。

ワイドショーも視聴者の高齢化などもあり「下世話な芸能スキャンダルや事件の背景のドロドロの人間模様」を面白おかしく放送するよりも、**「政治や国際情勢、時事問題などについて解説しトークする」**ようなものが次第に視聴率がとれるようになっていき、**逆に「ニュース化」**していったのです。

また、制作する部署も、TBSの社会情報局がオウム真理教関係者に放送前のVTRを見せてしまい、坂本堤弁護士一家の殺害につながった、いわゆる「TBS問題」を起こしたあたりから次第に各局とも、社会情報局を廃止したり報道局に統合したりして、だんだん「融合」が進んでいきました。

現在ではワイドショーは、局によっては「報道局制作」になっていたり、「制作局制作」になっていたりいろいろですが、いまだにワイドショーにはニュースと違う制作上のルールが適用されている場合がほとんどです。そしてそのルールが「足かせ」となって、宿命的に最新情報を放送するのが非常に難しい状態に置かれています。

ニュースは原則的には「系列各局の共同制作」です。NNN（日本テレビ系列）、JNN（TBS系列）、FNN（フジテレビ系列）、ANN（テレビ朝日系列）という「ニュースネットワーク協定加盟各局」が共同で取材・撮影した映像や原稿を、お互いにニュース番組に提供し合って制作されています。

ここで重要なのは、「あくまで協力するのはニュース番組のみ」ということです。ワイドショーには原則的に、映像も情報も原稿も提供する義務はありません。あくまでも、お願いされたら「好意で」素材を提供して、場合によってはその使用料金を徴収してもいいのです。

そしてこれは地方局だけの話ではありません。「同じ東京キー局の内部」でも事情はほぼ同じです。東京の報道局のニュース制作部署はワイドショーに映像も原稿も提供する義務はなく、**ワイドショーは「いちいちお願いして」ニュースから素材を貸してもらって番組を制作している**のです。原則的にはニュースがワイドショーに「素材を貸さない」ということはほぼありませんが、「使っていいのはここだけ。ここは使ってはダメ」というような制限をかけることは、たまにあります。

ではどうやって「素材」を借りているか？　というと、マジで原始的な方法です。AD（アシスタント・ディレクター）が「素材借用申請書」を持って報道のエライ人のところに行き、ハンコをいくつももらわないとニュースから映像も原稿も借りられなかったりします

（ワイドショーの関係者は自虐的ニュアンスも込めて「スタンプラリー」などと呼んでいます）。素材を借りにいったＡＤがイヤミを言われたり、「忙しいからあとにしろ」などと冷たくあしらわれることも日常茶飯事《にちじょうさはんじ》。あきらかに**ワイドショーのスタッフはニュースのスタッフから下に見られている感じがあって、**ニュースのスタッフを憎んでいる人もまあまあいますね。

地方局から素材や原稿を借りるには、ワイドショーのチーフディレクターなど、それなりの立場の人間が「お願いの電話」をしなければならないケースも多いです。

さらに場合によっては、借りた映像や原稿をもとにどんな内容で放送するかを、放送前に報道の担当者にチェックしてもらわなければならないこともあります。こうした段取りを踏まなければならないので、面倒なだけではなく、時間がかかります。

こんな理由で、ワイドショーが扱っている情報は宿命的に半日くらい遅れてしまいます。朝・昼のワイドショーで流れている映像は前日の夜のニュースと同じことが多いです。なので、ワイドショーを見るときには、そのことを頭に置いておいてください。

でも、ワイドショーはワイドショーらしい話題を放送して、ニュースは本来のニュースらしくあるのがいいと、私は思っています。

大阪や名古屋の放送局が全国ネットのワイドショーをつくっている……
そこには「仕方がない理由」と「決定的な弱点」が

どのワイドショーも見た感じはほとんど同じかもしれませんが、じつはその中には大阪や名古屋など、東京キー局以外が制作しているものがあります。現在放送されている代表的なものは、日本テレビ系列の『情報ライブ ミヤネ屋』（大阪・読売テレビ制作）とＴＢＳ系列の『ゴゴスマ ＧＯＧＯ！Ｓｍｉｌｅ～』（名古屋・ＣＢＣテレビ制作）です。

前項では「見ている番組がワイドショーなのかニュースなのか、ちゃんと区別したほうがいい」と書きましたが、それだけではなく「そのワイドショーを制作しているのは東京キー局かどうか」ということにも気をつけてテレビを見たほうがいいのです。なぜなら、大阪や名古屋など、**東京以外で制作されるワイドショーは、東京制作より決定的に「弱い部分」がある**からです。

まず、「なぜ大阪や名古屋でワイドショーを制作するのか」を説明します。全国ネットの生ワイドショーは東京で制作すればいいのに、なぜわざわざ地方で……と思われるかもしれませんが、それなりの理由があります。

1つは「東京キー局の金銭的な負担軽減」です。先（P17〜）にも書きましたが、いま東京キー局各局は制作費をいかに節約しつつ、ゴールデンとプライムで面白いバラエティやドラマを制作するか、に一生懸命です。**「朝から晩まですべて自分たちで時間を埋めるよりは、誰かに一部の時間を任せられたら超うれしい」**というのがホンネなのです。

では誰に任せるか？　というと当然、制作能力がそれなりに高くて、ワイドショーや情報番組のノウハウを持っているところに任せたいですよね？　となればやはり「大阪や名古屋の局」が最適です。

関西も中部も関東に次ぐ大都市圏ですから、大阪や名古屋の放送局は「準キー局」とも呼ばれていて、全国ネットのバラエティやドラマの制作経験は豊富です。さらに、大阪や名古屋では長時間のローカル情報番組を各局が長年制作していて、激しい競争がくり広げられていますから、どの局も情報番組制作のノウハウは豊富です。特に、日本テレビ系列の読売テレビは、以前から日本テレビとの共同制作などでワイドショーを制作していて、いろいろな面でワイドショーにかなり慣れています。

ということで、東京キー局は「大阪・名古屋に一部の時間を任せて金銭的な負担を軽くする」ことができるわけですが、金銭的なもの以外にももう1つ大きな理由があります。それは「夕方のニュースを準備する時間を確保する」ことです。

ワイドショーにしろニュースにしろ、生で番組を放送するにはそれなりの体制を整える必要があります。なぜなら、もし大きなニュースが起きたら即座に放送対応しなければならないからで、取材をする記者にしろカメラマンにしろニュースデスクにしろ、気を抜くことができません。「次の時間になにを放送しようか」という**打ち合わせをしたり準備をしたりすることが、生放送をやりながらだと難しい**のです。

普通は「朝のワイドショー」「昼のワイドショー」「夕方のニュース」それぞれのあいだにはインターバルがあります。たとえばテレビ朝日系列だと、朝の『モーニングショー』と昼の『ワイド！スクランブル』のあいだには高田純次さんがお散歩していますし、『ワイド！スクランブル』と夕方ニュースの『スーパーJチャンネル』のあいだには『徹子の部屋』があったりDAIGOさんが料理をしていたり、『相棒』などの再放送があって、そのあいだにじゅうぶん「次の番組の準備」をする余裕があるわけです。

この再放送の代わりに地方局からワイドショーを放送することができたら、切れ目がなくなって視聴者を飽きさせないのではないかという発想で、日本テレビ系列とTBS系列は大阪や名古屋にワイドショーをつくらせることにしたわけです。最初このスキームが始まったときには、私も「なるほど！　よく考えられているな」と思わず唸りました。

では、大阪や名古屋のワイドショーにはどんな弱点があるのでしょうか？

まず第一に、**「多くの素材を東京に借りなければならない」のが弱点**です。前述したように（P37〜）、ワイドショーが使う素材は大部分がニュース番組からの借り物です。ニュースが発生する場所は極端に東京に集中していますから、多くの映像と原稿を東京から借りて制作することになるわけです。いまやオンラインで映像も原稿も共有できますから、そういう意味ではさほど問題はありませんが、なにかわからないことがあったりしたときに、問い合わせをするのが難しいのが大きなネックです。

東京で制作するワイドショーなら、同じ建物の中にニュースセンターがあるので、直接出向いて取材記者に質問することも容易です。ですが、大阪や名古屋だとそうはいきません。電話をかけるくらいしか質問する方法はないですし、そもそも「別の会社の人に電話して質問する」のは、相手が忙しいこともわかっているからしにくいです。こうした理由で、東京で制作する番組と比べて情報が遅くなってしまいます。

そもそも大阪や名古屋には、分野によってはくわしい記者が誰もいないのも問題です。コロナ禍対策やウクライナの戦争で、いまワイドショーで取り上げるネタのメインは「政治の問題」と「海外情勢」になっています。しかし、国会や各政党を取材する「政治部」と、海外支局を統括し外国のニュースを専門に取材する「外報部」は、東京キー局にしかないのです。ですから、**政治ネタや海外ネタの専門家は、ほぼ東京キー局にしかいません。**

東京なら人事異動で「政治部や外報部の経験者」がワイドショーにもそれなりの数います。もちろん大阪や名古屋の放送局にも、海外特派員経験のある人は少数ながらいますし、その地方の政治家には日頃から取材をしていますが、どうしても政治や海外のニュースは「東京に比べて弱い」のです。

もちろん、逆に「自民党本部に遠慮せずに大胆な放送ができる」とか、そういう利点もありますから、一概に「地方局が制作したワイドショーが悪い」とは言えません。でも、どのワイドショーを見るか、あるいはその番組で放送している情報の信頼性がどの程度あるか、を判断するにあたっては、こうした事情を念頭に置いておいたほうがいい、ということは言えると思います。

取材しなくなったワイドショーは「パネル解説で視聴率をとる時代」に。数字のカギを握るのは「パネルづくりの上手なＡＤ」

番組予算の削減で、ワイドショーはめっきり取材に行かなくなりました。ニュースの素材を使って、スタジオで解説やトークをして番組をつくったほうが安く済みますし、意外とそのほうが視聴率がとれるからです。

そうなると勝負は「いかにスタジオをわかりやすく面白く演出するか」にかかってきます。そこで最近では、各局こぞって「大型のパネル」をスタジオに登場させ、アナウンサーなどにニュースを解説させるのがちょっとしたブームになっています。

この「パネル解説」について、あるワイドショーのプロデューサーに面白い話を聞きました。なんと「パネルをつくらせるなら、ベテランのディレクターより若いＡＤくんのほうが圧倒的に面白くてわかりやすいのをつくる」のだと。難しく言うと**「インフォグラフィックス」という感じ**でしょうか、**わかりやすく図解するようなセンスや能力**は、40過ぎのディレクターより、若いＡＤのほうが持っているらしいです。考えてみれば、そりゃそうですよね。20代くらいのいわゆる「Ｚ世代」は、ＰＣのソフトを使ったりするの得意ですもんね。

ということで、いまワイドショーやニュース番組では、若いスタッフの取り合いになっているらしいです。〝巨匠っぽいオジサンディレクター〟に凝ったＶＴＲをつくってもらうより、**若者に気の利いたパネルをささっとつくってもらったほうが「視聴率に響く」**わけですから、私がプロデューサーでも若いスタッフのほうが欲しいです。

そもそも中年のディレクターたちは、仕事こそできますけれど、腰が重くて気難しくてワガママな人も多いです。ギャラも原則は年功序列式に上がっていきますから、ベテランだとどうしても人件費も高くつきます。実際に現場に行けば、年の功でしょうか、巧みな話術や人心掌握術で特ダネを取ってきたりもしますが、ネット上で調べ物をさせたら圧倒的に若者の勝利です。パネルをつくるのに必要なスキルや、スタジオトークのネタになりそうな新聞や雑誌、ウェブメディアの記事を探す速度の差は歴然《れきぜん》です。

あともう１つ、編集ソフトなどを使って編集する能力が、ベテランは圧倒的に弱い。編集ソフトの使い方がわからなくなって、いちいち若いスタッフに「これどうすればよかったんだっけ？」などと聞くベテランディレクターは正直言って「使えないよなあ」と陰口を叩かれてしまいます。

ワイドショーやニュース番組の制作は、なんといっても時間勝負で素早さが命ですから、そういう意味では「ベテランディレクターはもはやお荷物」になりつつあります。もちろん、「昔の事件をよく知っている」という意味ではベテランの経験値が必要なのですが、そういう**「リーダー的なベテランディレクター」は番組に数人いればそれでじゅうぶん**なので、一部の優秀な人を除けばリストラの対象になってしまいがちです。

私の知り合いでも「田舎に帰って家業を継いだ」といった人も多いです。進化の早い映像の世界では、常にアップデートをしていかないと、食っていけないのです。私も、自戒の念を込めて、日々勉強するようにしています。あと、若いスタッフたちにいつでも敬意を持って接するようにしています。

そうしないと、若いスタッフはすぐに辞めてしまいますからね。彼らにとってもはや放送業界は、さほど魅力的な業界ではないのですから。

厳しすぎるBPO（放送倫理・番組向上機構）のせいでベテラン＆中堅芸人がテレビからいなくなる……「どつき漫才」と「罰ゲーム」は本当にいじめを助長するのか？

いまテレビマンたちは、とにかく「とまどいながら」仕事をしています。それは、すべてのジャンルで同じです。どんな番組を制作するにしろ、「あらゆることの基準がはっきりしないので、どこまでがオッケーでどこからがアウトなのか」がまったくわからなくなっているのです。これは番組制作現場にとっては本当に悩ましい問題です。

「基準がはっきりしない」と言えば、**いちばんはっきりしない基準が「痛みを伴う笑い」をどうするか**についてです。2022年の4月にBPO（放送倫理・番組向上機構）の青少年委員会が「『痛みを伴うことを笑いの対象とするバラエティー』は、青少年が模倣していじめに発展する危険性が考えられる」という見解を出したことがきっかけとなって、いやその前の2021年8月に「『痛みを伴うことを笑いの対象とするバラエティー』を審議対象とすることを決めた」時点から、バラエティ番組の制作現場は「どうすればいいのか」と困惑し、混乱しているのです。
「痛みを伴う」という意味がなんともよくわかりません。厳密に考えれば「どつき漫才」のように相方を叩くのをウリにしている芸人さんもアウトです。「罰ゲーム」も、たとえ「からだにいいマッサージ」でも「高周波治療器」でも、だいたい痛みを伴いますからアウトですよね。現場の人間としては「どうしろと？」という感じですよ。

　まあよくよく見解を見てみると「全部ダメ」と書いてあるわけでもないんですけど、テレビ局にとってみれば、ＢＰＯという組織自体がコワすぎて、まるで思想裁判所のようになっているわけです。**「審議入り」になっただけで、平気で番組が終了したりします**からね。いくら「気をつけて制作するように」くらいの見解でも、テレビ局のエラい人は「ＢＰＯで問題になりそうなことはやめとけ」って忖度《そんたく》しますから、現場にしてみればもう「罰ゲーム」も「相方をどつく」のもおっかなびっくりです。

　誰だって「おまえのせいで問題になった」と言われるのはイヤですから、バラエティ番組のプロデューサーたちも、よほど勇気のある人たちを除いて「問題になりそうなことは念のためやめておこう」となるわけです。

私はいつも思うんですけど、ＢＰＯってそもそもは政府などの介入を受けないように、業界が「表現の自由を守るため」につくった自主規制のための機構なんですよね。だったら「ここまではＯＫだよ」という「やれる範囲」を具体的に出すべきだと思うんです。そして、あくまでも「個別具体的な番組の問題」について見解を出さないと、です。

制作現場が「ヤバいこと」をして問題にならないように、「こういうことに気をつけよう」とか「ここまでなら許容範囲」といったことを教えてくれないと、表現の自由は守れませんし、「面白くて、でも視聴者に悪影響を与えない番組」はつくれないと思うんです。今回みたいに、具体的に問題になった番組があるわけでもないのに、「痛みを伴う笑いは悪影響を与える」とか、ざっくり大きく**「包括的にＮＧ」みたいな感じで見解を出すのって、政府による介入とたいして変わらなくないですか？**

実際にこの見解が影響して、「あの有名な大晦日のお笑い番組」も終了したとささやかれています。そして、「からだを張った芸をウリにして笑いをとってきた」ベテラン＆中堅芸人さんたちは、あまり番組に呼ばれなくなってしまってます。けっこうこれが深刻で、食っていけなくなったり、引退を考えざるをえなくなっている芸人さんも多いと聞きます。

コロナ禍、そしてテレビ出演者の若返り、そこに持ってきて「痛みを伴う笑いはＮＧ」

ということになってしまって、「オレたちはこれからどうやって生きていけばいいんだ?」といった感じに追い込まれてしまっているベテラン&中堅芸人さんたちのことを考えると、とても胸が痛みます。

もちろん「いじめをなくす」というのも大切です。でも本当に「罰ゲーム」はいじめを助長しているのでしょうか? そして、いじめを助長しない工夫をすることはできないのでしょうか? もっと現場の事情に寄り添って具体的に考えていかないと問題の解決にはならないと思いますし、テレビにあまりにも「倫理的な模範となるべき」という役割を押し付けるのもちょっと違うと思います。

私の世代は『8時だョ!全員集合』のような、放送当時は「俗悪番組」とされていた番組を見て育ちました。でも、本当にドリフは俗悪だったのでしょうか? なんとなく私たちは**「俗悪というレッテルを貼られた番組から人生を学んできた」**のだと思うのです。

「まじめだけどつまらない先生の話」より「ちょいワルだけど面白い先生輩の話」のほうが勉強になることも多いはず……テレビが果たすべき役割は「マジメな先生」ではなく「ちょいワルな先輩」でいいのではないか、と思えてならないのです。

「顔」も「体型」も「年齢」もネタにできない女性芸人……「笑いが取れない」と苦しむ理由が「フェミニズム」という矛盾

「痛みを伴う笑い」と並んで、あるいはそれ以上にテレビマンたちを「よくわからない基準」で困惑させているのが「フェミニスト」たちかもしれません。女性芸人たちの中には「顔」も「体型」も「年齢」もネタにできない……というしばりで苦しんでいる人たちも多いのです。

性差別をなくすことや、男女あるいは性的マイノリティまで含めて「ジェンダー平等を目指すこと」はまったく悪くありません。むしろ社会はそちらの方向に向かうべきだと私も思います。しかし、ここでも**テレビの制作現場は「では、具体的にはどうすればいいのでしょうか」と頭を抱えて途方にくれている**、というのが現状です。

たとえば番組で（特にアニメなどで）少し「美人」や「グラマーな体型の人」であることを強調したり、セクシーな衣装だったりすると、「ルッキズム」（外見至上主義）だといって非難されることになります。かといって女性の芸人が自分の容姿で笑いをとると、それはそれで「女性の容姿を笑いのネタにするのは不快だ」ということになり非難されます。たしかに「不要に女性の性的な部分を強調すること」や「美人だけを称賛して、そうでない人を価値が低いように扱うこと」はもってのほかです。でも、女性が自分の外見を長所として「武器にして」生きていくのは悪いことではないはずです。

「私は美人だ」と堂々と主張していいでしょうし、セクシーな服を着る自由ももちろんあります。また、そういう女性のことを男性が「素敵だ」と称賛する自由もあるでしょう。一方的に男性目線だけを強調するのが良くない、ということであって、女性目線と男性目線を等しく扱えばいいだけのような気もします。

お笑いの場合は、他人の容姿や体型を馬鹿にして笑うのはダメでしょう。でも「自虐《じぎゃく》は笑いに直結する」わけですから、自らの容姿や体型とかを自虐のネタにして笑いをとることまで他人がどうこう言えるのか、は疑問点として残ります。**「自虐の笑いを切り札として芸人で生活していた人」**から、**仕事を奪い取る**のはどうなのでしょうか。

じつは私の仲間にフェミニストを自認するテレビプロデューサーの女性がいます。彼女があるときこんな話をしていました。「テレビのニュースなんかでフェミニズムのことを扱うときに、〝女性に美人もブスもない。外見は関係ない〟と女性アナウンサーやタレントが言っているのを聞くと、かなり違和感がある。だって彼女たちはあきらかに普通の女性より美人だし、これまで〝自分が美人であること〟を利用してアナウンサーやタレントになったのはたしかなわけだから。おまえが言うな！　と思ってしまう」

やっぱりこの問題に「どこまでがオッケーで、どこからがアウトか」という明確な基準を決めるのはほぼ不可能だと思います。女性と男性で考え方が違うし、女性の中でも考え方の違いがあります。フェミニストの中でさえ、考え方の違いがずいぶんあるな、と女性のトーク番組を制作した経験のある私は感じています。

たぶん、いちばん重要なことは「女性も男性もどんどん意見を言うこと」と「それぞれがお互いの意見を聞いて考えること」なのだと思います。特に女性は、昔は男性に言いたいことも言えなかったわけですから、じゃんじゃん言いたいことを言うのが大切です。それと並んで大切だと思うのは、**「自分の意見と違う意見や、自分の考え方と違う表現も許容すること」**なのではないでしょうか。

テレビマンもとにかく議論すること。そこから逃げて「なんとなくコワそうだから忖度する」と、真のジェンダー平等は絶対に生まれてこないと確信しています。

Z世代狙いで「第七世代」と「ユーチューバー」を起用したのに、フワちゃん以外消えてしまったのは「面白くなかったから」

テレビ業界ではいまとにかく「テレビが斜陽産業になってしまったのはなぜだろう」ということに全員悩んでいます。なにか理由を見つけねば！　なんとかせねば！　です。

で、その理由をだいたいみんなこんな感じで考えて、このような流れになりました。

若者がテレビを見ないから斜陽産業になった↓若者にテレビを見せよう！↓若者に人気のある若者を出演させれば若者もテレビを見るだろう↓とにかくお笑い第七世代とユーチューバーを出演させた番組が大量出現↓そういう番組が消える（イマココ）

「若者を出せば、若者が見るだろう」という考え方は、当たっている面ももちろんあるとは思いますが、かなり安易だと思います。**お年寄りが出ていようが、面白ければ若者だってその番組を見ます**。つまんない若者が出てれば、そりゃ見ません。当然です。

あと、もう1つ「安易だな」と思うのは、「Z世代」という言葉です。「Z世代はこういうものが好き」というような言説に引っ張られて、テレビマンたちは「Z世代にウケるように」とか「Z世代向け番組」みたいなものをつくろうとしがちですが、それってなんか意味あるの？　と思ってしまいます。大昔から「新人類」だのなんだのと世代にレッテルを貼ることはあるわけですし、いまそういう**レッテルを貼っているオッサンオバハンがそもそも「新人類だからよくわからない」と言われた世代**でしょう。そこから考えても、そういうレッテルはあまり意味をなさないと私は思います。

私は大学で教えているので「Z世代」の子たちとはちょいちょい話すわけですが、彼らはかなり個性派ぞろいなので、ひと口に「こんな子たち」とは言えませんし、好きなコンテンツもまちまちです。ユーチューブやウェブ動画しか見ない子もいれば、けっこうテレビを見ている子もいます。さらに、ユーチューブやウェブ動画を見ると言っても、どんなものを見ているかはそれぞれの興味関心によってかなりバラバラです。

考えてみれば、生まれてきたときから大量のコンテンツと便利なツールに恵まれていた世代ですし、「多様性の時代」つまり人と違うことが素晴らしいとされる時代に育った人々を「Z世代」とひとくくりにすること自体がなんだか矛盾をはらんでいる気がしますもんね。まあ、個人個人ぜんぜん違うわけです。

そこへ向けてかなり乱暴に「お笑い第七世代とユーチューバーを出しとけばなんとかなるさ」みたいに大量投入して番組をつくったわけですから、失敗して当然です。当時まだ「第七世代」には残念ながら実力も経験も足りなかった。だから芸人としてそんなに面白くもなかったし、早すぎたわけです。しかし、ここにきて彼らがまたジワジワと復活してきているのは、まさに経験を積んできたからですよね。期待したいです。


さて、ではユーチューバーはなぜテレビからいなくなってしまったのかというと、そこには深い理由があります。じつは**ユーチューバーは「出演者」ではなく「制作者」**だから、なのではないかと思っています。

ユーチューバーは、それぞれ自分の専門分野を持ち、自分で動画に出演し、その動画を編集しています。やっていることはほぼ「ビデオジャーナリスト」と同じです。つまり自分でやりたいことや言いたいことがあり、それを実現するために自分が監督兼出演者として動画を制作しているわけです。

しかし、通常テレビに出演している「タレント」「芸人」「俳優」といった人たちは「出演者」、つまり「出演に特化した人」です。「どういう番組をつくりたいか」と考えてプランを練る「監督」や「演出家」は別の人で、自分たちで出演する番組の内容を考えることは普通はありません。テレビマンたちに言われたとおりに、望まれた役割を的確にこなすのが、優秀な「出演者」なのです。

つまり、ユーチューバーたちが面白いのは「自分で考えたコンテンツで、自分の考えたとおりやっているから」なのであって、「テレビマンが考えた台本どおりに、与えられた役割を演じても面白くない」のです。むしろそのユーチューバーのファンの人から見たらそんな**「やらされ感満載」のテレビ番組は、「違和感しかないつまらないもの」**でしょうし、ユーチューバー本人も、きっと出演していてやりにくさしか感じないと思います。だから、当然の結果として〝消えていった〟わけです。

ユーチューバーはやっぱりユーチューブで見るのが面白い！　そんな中たった1人テレビに残ったのが「フワちゃん」だったのは、彼女がもともとは事務所に所属する芸人さんだったからでしょう。ユーチューバーだけど、芸人としてテレビマンに望まれる役割もこなすことができた。フワちゃんが唯一無二の存在になった理由はそこだと私は見ています。

日本のドラマが韓国ドラマよりつまらないのは、放送枠の長さと話数が時代に合っていないから

かつて日本のドラマはかなり「国際競争力」がありました。フジテレビの「月9」などのトレンディドラマは、台湾や韓国、そして中国大陸でも大ヒットする時代がありました。「好きなタレントは木村拓哉と宮沢りえ」と、目を輝かせてアジアの女子がインタビューに答えるような状況が、ひと昔前にはたしかに存在したのです。

しかしいまや、日本のドラマは完全にその地位を韓国に奪われてしまいました。アジアでも世界でも話題になるのは韓国のドラマばかり。『愛の不時着《ふじちゃく》』『梨泰院《イテウォン》クラス』『イカゲーム』『ウ・ヨンウ弁護士は天才肌』などのドラマの世界的大ヒットが、世界じゅうから韓国に投資を呼び込み、豊富な資金力がまた次のヒットを生みます。

もはや**制作力では韓国のドラマが圧倒的に日本を上回っている、というのが世界の一般的な評価**として定着しつつあります。もちろんそういう面はあるのですが、制作力の問題より前に解決すべきこともじつはあります。

それは「ドラマの長さ」の問題です。あまり日本で話題になることはありませんが、**日本のドラマは、長さが国際基準に合っていません。**「帯に短しタスキに長し」という言葉がありますが、まさにそんな感じなので、世界のコンテンツ市場で相手にされていないという側面があるのです。

日本のドラマがいちばん売れるのは文化的に近いアジア地域ですが、アジアのドラマはどのくらいの長さが標準的だと思いますか？　まず、中華圏のドラマはかなり長いんです。歴史ものだと50話を超えるものは当たり前で、70～80話続くものも珍しくありません。現代もので も40話、50話というものがあります。しかもだいたい1回の放送時間は60分を超えるのが標準的。韓国はさすがにそこまで長くはありませんが、話数は16話くらいあるのが一般的で、1回の放送時間は70分くらいあったり、場合によっては90分を超えて映画くらいの長さがあるのも特殊な例ではないです。

それに比べて、日本のドラマはだいたい12話完結が標準的で、1話40～50分。最近では「期末期首特番」が必ずといっていいほど編成されるので、10話くらいで完結してしまうドラマもちょいちょいあります。「あまりに短い」ということで、アジア各国の放送局の枠が埋められないということになり、国際映画祭などに出品してもはじめから相手にされないということが増えてきているのです。

「短すぎて買いにくい」ということだけではありません。「短い」ということはそれだけストーリーを単純化せざるを得なくなりますし、1シーンごとの描写もディテールを細かく描いたりすることが難しくなります。ドラマがそのぶん〝浅く〟なってしまう。

単純計算すると、韓国ドラマが16話×70分で1120分。日本ドラマが11話×50分で550分ということになり、**日本のドラマは韓国のドラマのおよそ2倍速でストーリーを展開させて完結させなければならない**ことになります。

これでは「日本のドラマより韓国のドラマのほうが、見応えがあるし描写も深い」と言われても当然ではないでしょうか？　日本のドラマ制作者たちの能力が韓国に比べて低いとは一概に言えない、ということがおわかりいただけたでしょうか？

日本で最近よく「面白い」と話題になるのは、NHKの「連続テレビ小説」と「大河ドラマ」ばかりではないでしょうか？　連続テレビ小説は1話15分が130回前後続きますので単純計算で1950分。大河ドラマは1話45分が1年間で50回として2250分もあります。やはりある程度の長さがないとドラマは面白くならない、というのは真理ではないでしょうか？

あと、日本のドラマは「続編」がつくられにくい。これも番組編成上の問題やキャスティングの難しさなどが背景にあるといわれています。しかし、欧米でもアジアでも面白いドラマはどんどん「シーズン○○」というふうに続いていきます。日本でも『相棒』のように長期間続くシリーズものは人気を博していますよね。

また話をアジアに戻しますと、**若者向けには逆に「とても短いドラマ」も流行り始めているといいます**。ここ数年、スマホを使ってネットで見るドラマの制作が中国で流行しており、スマホに合わせ映像も縦型、1話の長さはだいたい10分以内だそうです。ティーンエイジャーなど若い人中心に見られていて、ドラマのテンポが昔に比べて速くなっているとのこと。こういうドラマを見ている視聴者にとっては「日本のドラマはテンポが遅すぎて退屈」ということであまり見られなくなっているようです。

たしかに日本でも最近「ドラマや映画を早送りで見る」という若者のことがよく話題になっていますよね。こういう若者たちにとっては、中国で流行し始めているような「スマホ視聴に適した10分くらいの短さのドラマ」がしっくりくるのかもしれません。

ということで、日本のドラマは「長さをどうするか」をいま真剣に考えるべきです。

ドラマ

撮影現場を支える「制作部」はあまりに悲惨……
60年間上がらない給料と超ブラックな実態。
「寝不足でロケバス運転、交通事故を起こして一人前」

ドラマの専門職として「制作部」という人たちがいます。「部」という字が付いていますが組織ではありません。ほぼすべての人がフリーランスで、「ドラマの撮影が順調に進むためにするべきことは全部する」のがお仕事です。ドラマの撮影現場が成り立っているのは、制作部と呼ばれる人たちが人知れずがんばっているからなのですが、あまりに待遇がブラックなのが問題となっています。

言ってみれば〝なんでも屋さん〟。「ねえ、トイレどこ?」「ねえ、車どこに停める?」「ねえ、撮影してたら火事になっちゃったんだけどどうしたらいい?」というぜんぜん違う質問に1人で一気に対応しなきゃいけないようなお仕事で、**離職率は驚異的に高くて、10人入っても1年後には1人残っているかどうか**というのが実態だそうです。

人手が足りなすぎて、「やりたい」と言えば誰でもすぐに入れる世界。育てる余裕もないので、タダ働きしてもらい仕事を覚えてもらっているとか、居酒屋の飲みの席で新人をスカウトすることもあるとか……。そしてなんと、**ギャラは60年間一度も上がっていないそうです！**　昭和30年代から現在まで、業界で不文律のように決められたギャラの水準がそのまま続いているというから驚きです。

そのギャラ相場は、ドラマ業界では「七五三」と言われていて、ドラマ1本で、チーフにあたる「制作担当」が70万円、セカンドにあたる「制作主任」が50万円、サードにあたる「制作進行」が30万円。さほど悪くない？　と思われるかもしれませんが、サスペンスなどの2時間ドラマで1本撮影するのにおよそ2週間かかり、撮影期間には毎日ほぼ24時間まったく休めないので「死んでしまうかも」と思うほど忙しいそうです。

深夜24時に撮影が終わって、翌朝6時から撮影再開ということも当たり前のドラマの撮影現場で、撤収や準備なども考えればスタッフ誰もが睡眠不足になるほど働いています。それに加えて「みんなが休んでいる時間に翌日の準備をする」というのですから、それはたまりませんよね。午前3時4時に、当たり前のように電話がかかってくるそうです。あまりの大変さに、クランクアップとともに意識を失って気がついたら病院！　という人がいたり、心を病んでしまう人も多いようです。

制作部の人をいつも困らせるのが天気だそうで、雨が降って1日撮影ができないと10 0万円単位のお金が飛んでいってしまいます。そうならないために許可なしで「ゲリラ撮影」できて、かつ「雨が降っていても、晴れのように見える場所」を探して、アーケードのある商店街をやっと見つけたり、場合によってはビニールシートで屋根を作って、なんとか〝晴れの状況〟にして撮影を続けなければならないのです。

しかも予算削減による合理化で制作部の仕事は増加する一方。かつては「特機部《とっき》」（特殊機械を扱う人たち）の仕事だったドリー撮影（台車に載せたカメラで移動しながらする撮影）用のカメラのレール敷設や、「イントレ」と呼ばれる、鉄パイプなどを組み立てて作る足場の設置も、予算削減で制作部の仕事に。大道具の仕事やゴミの管理まで次第に制作部の仕事になりつつあるそうで、仕事は増え続けています。

そんな状態でろくに眠りもせず、ロケバスの運転まで担当することも多いというのですから、とても危険。**「制作部は交通事故を起こしてやっと一人前」と言われる**こともあるそうですが、死亡事故も起きたことがあり、とても深刻な状況です。日本のテレビ制作現場はどこもブラックで、悪条件・低賃金でもがんばるスタッフたちに支えられています。〝やりがい搾取〟とも言われるこの状況を、真剣に改善するべきときが来ています。

つくれば絶対赤字の恐怖……制作費はここ数年で半減。「追撮地獄」でいつまでたっても完成しない「底なし沼」

いろいろなジャンルのテレビ番組がありますが、その中でいまもっとも「割に合わないジャンル」はなにか？　というと、絶対にドキュメンタリーです。こんなに「制作しても報われない」テレビ番組はありません。

まず、番組制作費がとても安いです。制作費の割に取材に手間がかかるので、もともとそんなに費用対効果は高くなかったのに、ここ数年でいろいろな有名ドキュメンタリー番組の予算が軒並み半額近くにまで減らされてしまっていて、ちょっと救いようのない「激安案件」になりました。いまや**「なんとかまともな金額のドキュメンタリー番組」はNHKくらい**で、民放はほぼお話になりません。

考えてもみてください。「密着○年」とか「一部始終を追いました」みたいな感じで、だいたいドキュメンタリーは長期間にわたって取材ロケを継続するのが〝ウリ〟です。もちろんその期間ずっと撮影し続けているわけではなく、実際にはたまに行って取材するくらいですが、それにしたってなにか変化があったら撮影しに行かなければなりません。その手間と拘束時間の長さを考えたら、めちゃくちゃ非効率です。ディレクターのギャラを時給換算したら、間違いなく学生バイトより安いのではないでしょうか。

そこへ持ってきて、ここのところコンプライアンスも非常に厳しくなってきています。すぐに**「あれはヤラセではないか」**とか**「編集の仕方が偏《かたよ》っている」**などと問題になります。そういう意味でもなかなか手を出しづらいジャンルになっています。

さらに、けっこうめんどくさい〝変人系〟のプロデューサーがドキュメンタリー番組には多いんです。「オレの世界観は」とか「ドキュメンタリーというものはかくあるべき」みたいな精神論を、ジャーナリスト面《づら》して熱く語ったりするので困ります。

そのくせだいたい「このネタじゃ視聴率がとれない」とか妙に数字に対してもどん欲で、あんまりお友だちになりたくない感じのオッサンが多いです。

こういう変人系プロデューサーのなにがいちばん困るかというと、「修正させるのが生きがい」なことです。仮編集をした映像をプレビュー（試写）してもらうと、だいたい「ああでもないこうでもない」といろいろなところにイチャモンをつけ始めて、「こういうシーンが足りない」とか「なぜこういう場面を撮影してこなかったのか？」などと怒りだします。その結果、編集が何度も何度もやり直しになるだけではなく、「追撮《ついさつ》」（追加撮影）をちょいちょい命じられることになります。

「追撮」は非常にお金がかかります。撮影対象が近くにいればまだしも、地方だったり外国だったりすると旅費をかけて出張しなければなりませんし、撮影会社にカメラマンを追加発注しなければならない場合もあります。こうして「追撮」した映像を追加して編集し直し、あらためてプレビューしてもらった結果、また「まだこれでは放送できない。こういうシーンを追加してこい」みたいなことを言われたりします。

「追撮」→「編集やり直し」→「プレビュー」→「ダメ出し」→「追撮」という無限ループにハマることを「追撮地獄」などと呼んでテレビマンたちはおそれますが、この**「追撮地獄」が当たり前になっているのがドキュメンタリー番組**なのです。そして、お金も時間もどんどんかかっていき、ほぼ赤字になってしまうわけです。

局のプロデューサーの「こだわり」でやり直しを制作会社に命じるなら、追加でかかる費用も制作会社に当然払うべき。でもよほどのことがない限り払われないのが現状です。そして、儲からなくても赤字になっても、まじめなドキュメンタリストのテレビマンががんばっています。ここにもテレビ業界の〝やりがい搾取〟の構造があるのです。

「午前4時半から放送」で誰が見るのか？ 地方局テレビマンの鬱憤《うっぷん》解消のために存在する「誰も見ない名作」たち

東京と地方では、ニュース番組の「時間の流れる速さが違う」と感じることがあります。東京キー局が制作する全国ネットのニュース番組では、時間はものすごい勢いで流れていきます。今日起きた大ニュースでも、注目を集めるのはせいぜい数日間。1つのニュースが大きく報道されるのは、ほんとに〝一瞬〟です。

これに比べて地方では、ニュース番組の時間は比較的ゆっくり流れます。ある地方の街で起きた大ニュースはしばらくのあいだ、その地方でだけは注目を集め続けます。そして、その地方にある放送局はそのニュースを報道し続け、**その地方局の記者たちはかなりの長期間にわたって「おらが街の大ニュース」を追いかけ続ける**のです。

その結果たくさん撮りためた映像と蓄積した情報はどうするのか？　というとじつはそんなに陽の目を見る機会はありません。せいぜいその地方局がローカルニュースで特集でもやるくらいでしょうか？　全国にその成果が披露されることは、きわめてまれです。全国ニュースの時間の流れはあまりに速すぎ、映像と情報が集まったころには誰ももうそのニュースのことを覚えていないし、関心もまったくなくなっているのです。なんとも残酷な話ですし、本当は報道機関としてそれではいけないと私は思います。

地方局でまじめに取材を続けるテレビ記者たちは、あまりにも恵まれないと言えます。そしてそんな彼らが鬱憤《うっぷん》を晴らすことができる唯一の場に近いのが、全国放送のドキュメンタリー枠だと思います。30分〜1時間くらいの長い放送時間で、たっぷりと自分たちの「がんばった取材の成果」を披露することができるからです。

そして、こういう番組は往々にして「テレビ業界の権威ある賞」を獲得します。受賞すれば当然それはテレビマンとして名誉なことです。地方局へ行くと、こうした「賞を獲得すること」を生きがいにしているベテランたちがたくさんいます。

でも、残念ながらこうした「全国放送のドキュメンタリー番組枠」は非常に冷たく扱われています。だいたい、とてつもなく不便な時間、たとえば「週末の早朝4時半から」といった、まるで**「誰にも見られないような時間にわざと放送しているのでは」と思いたくなるような枠**だったりします。なぜなら、視聴率もとれないし、スポンサーもあまりつかないので、商売としては成り立ちにくいからです。

視聴率も果てしなく0％に近い、ほぼ誰も見ない枠で、しかも相当な低予算でもこうしたドキュメンタリー番組がかろうじて継続している存在意義は、たぶんほぼ「地方でがんばっているテレビマンたちの鬱憤を解消するため」しかないのではないでしょうか。

でも、これは本当におかしなことです。ドキュメンタリー番組はテレビ局の社会貢献活動のために存在しているのでしょうか？　そうではないはずです。いくら長時間で放送したって、賞をもらったって、ほぼ誰も見てないんじゃ意味ないです。地味でも大切なことを世の中に伝える義務が報道機関にはあるはず。「ちゃんと興味を持ってもらえるように工夫して全国に伝える」努力をテレビ局は怠ってはいけないはずです。

調査報道や掘り下げた報道を、ほとんど放棄してしまっているような、いま東京キー局が全国ニュースを伝えるスタンスは、大間違いだと思います。

なんとかもう少し、**「大事件でもすぐに忘れ去られてしまう」全国ニュースの速さをゆっくりに**して、「じっくり1つの事件を追い続ける」地方と同じような速さに近づけられないものでしょうか。そして、ドキュメンタリー番組の枠も、もう少し多くの人が見やすい時間帯に編成するべきだと、私は強く思います。

選挙特番

投票が締め切られるまで肝心の情報が放送されないのは、テレビ局幹部が「公正中立」を勘違いしているから

テレビの選挙報道。私はずっと当事者だったわけですが、いつもモヤモヤします。なぜなら「必要なときにはほとんど情報を与えないのに、**もういらなくなってから情報を大量に降り注いでいるようなもの**」だからです。どういうことかというと、各局とも選挙期間には選挙関係のニュースはほとんど流さず、開票速報と選挙特番だけに全力を注いでいます。視聴率でも内容面でも競争してきたのは、視聴者にとって本当に親切な情報提供なのか、といつも疑問に思ってきました。

「さあ選挙だ」となると、テレビ局は全社を挙げてチームを組みます。政治の取材を日頃から担当している政治部の人間だけではなく、報道局全体、いや、元は報道局にいて異動になった報道ＯＢまで社内から集結させて、選挙特番体制を組みます。

そして、系列局や資本関係のある新聞社ともタッグを組んで、１分１秒でも他局より早く「当選確実」を打ち、１％でも他局より高い視聴率をゲットするために、選挙特番に向

けて全社を挙げて力を入れるのです。

しかし、選挙特番が放送されるのは、あくまで投票が締め切られたあとのことです。投票日の20時少し前から各局が選挙特番をスタートさせて、20時になったとたんにいっせいに「各党予想獲得議席数」を発表します。ということはつまり、全社総出で作ったコンテンツが放送されるのは投票が終わったあとですので、有権者たちの投票の参考にはいっさいなっていないのではないでしょうか。

各放送局がまさに〝あとの祭り〟状態で激しい競争をしているというシュールな状況が当たり前になっているわけです。すでに投票が終わっているのに、当選確実の速さを競争しても、自己満足以外なにか意味があるのでしょうか。

では、選挙期間中のニュース番組はどうでしょうか。最近ではまるで、選挙のことにはできるだけ触れないようにしているかのようです。「選挙期間中は公正中立に放送しなければならないと放送法で決められているから、守らなければならない」と、テレビマンの誰もがそう思い込んでいます。まるで「公正中立な選挙報道」というお題目にがんじがらめにされているかのように、各テレビ局が沈黙しています。

思い出してみてください。みなさんが選挙期間中に見るニュースの内容を。まず思い浮かぶのが「各党党首などが勢揃いした映像」ではないでしょうか。各党ともだいたい1分くらいの持ち時間で、いくつかの質問に各党の代表者が答えていきますよね。あとは「注目の選挙区」の候補者にどんな人がいるか、どんな選挙戦をしているかを「ほぼ同じ分量で均等に」紹介したVTRとか、街頭演説を「ほぼ同じ秒数でカットしたもの」くらいではないでしょうか。

放送する時間もとても短いし、内容もなんだか「薄いな」と感じてしまいますよね。**本当に視聴者が知りたいのは「各党がどんなことを主張しているか」**だと思います。どの党がおかしなことを言っていて、どの党がもっともなことを言っているのか知りたいのではないでしょうか。それをきちんと紹介しないで「よく考えて投票に行け」と言われても、「なんのための選挙報道なのだろう」と思ってしまいます。

あまりにも「時間の平等」や「各党をすべて紹介すること」を重要視しすぎて、それぞれに「ツッコミが足りない」状況になっていると感じませんか？　たとえば、ある問題については、ほとんどの視聴者が「聞きたいのはA党とB党の党首2人の討論だ」と感じていても、そこに余計なC党やらD党までいて、それぞれに「時間的に平等に」話してもらわなければいけないので、聞きたいことが聞けず時間切れになってしまい、中途半端になってしまう。

放送局には「どの党に投票すると日本の未来はどうなる」といった「分析と論評」を視聴者にしっかり提示する義務があると思います。それを行うからこそ報道であり、言論機関なのではないでしょうか。きっちり取材して、**各社の責任で各党の政策を「評価するべきものは評価して、批判すべきは批判する」ことこそが本来の公正中立**なのではないでしょうか。きちんとした内容のある「選挙報道」を視聴者に伝えないと、選挙に関心を持ってもらえないし、投票率を上げることもできないでしょう。

いまほとんどの放送局の報道の現場は、萎縮《いしゅく》してしまっています。上層部が現場に対して「各党の放送時間ができるだけ均等になること」と「各党まんべんなく1つの番組内で取り上げること」だけを強調して指示しているので、各番組ともプロデューサー以下全員が「忖度と問題を起こさないための配慮」だけで精一杯になってしまっています。

その根拠として、現場のテレビマンたちが考えている放送法は、第4条で「政治的に公平であること」と定めています。なので「選挙期間中は各党を均等に扱わなければならない」と現場は思い込んでしまっています。「これを守らなければ、停波（電波を止めること）などの行政処分の対象となるのではないか」とビビっています。

しかしこれは大きな間違いです。ＢＰＯの放送倫理検証委員会は２０１７年２月に「２０１６年の選挙をめぐるテレビ放送についての意見」という文章で、「放送法の番組編集準則は倫理規範だ」「放送局には選挙に関する報道と評論の自由がある」「選挙に関する報道と評論に求められるのは量的公平ではない」と明確に記しています。

これに従えば、選挙期間中だからといって、自由に報道や論評をしてはいけないわけではありません。**「A党のこうした政策はおかしいのではないか」と放送する自由は当然あります。**しかも量的公平を求められているわけではないので、１つの番組内で各党を均等に扱う必要はないということになります。

さらに「倫理規範」ということは、もし仮に「政治的に不公平な放送をした」としても、それを理由に行政処分の対象にはならないのです。

「政治的な公平さ」について、ＢＰＯの同文書はこう書いています。

〈つまり、公選法は、放送局は「選挙運動」をしてはならないが、虚偽の事実を放送したり事実を歪めるなど表現の自由を濫用《らんよう》し、しかも、その結果、選挙の公正を害することにならない限りは、選挙に関する報道と評論を自由にできると言っているのである。そして、そのような自由が保障されている以上は、その結果、ある候補者や政党にとって有利または不利な影響が生じうることは、それ自体当然であり、政治的公平を害することにはならない。また、候補者が出演する番組でも、候補者に自分に投票するように呼びかける演説をさせて司会者もこれを制止しないというような番組でない限り「選挙運動」放送にはあたらず、選挙に関する報道と評論の自由の範囲内にあると言うべきである。〉

ということですから、各テレビ局は、**自分たちの倫理基準にもとづいてきちんと「政治的公平さ」を保っていると判断すれば**、もっと堂々とオピニオンを放送するべきなのです。バラエティ番組については各局あれほどＢＰＯの見解を重視してビビっているのに、なぜ選挙報道に関してはＢＰＯ見解を信じて放送ができないのでしょうか？　ちょっと恥ずかしいですよね。

戦場の最前線に日本人テレビマンだけが行けない理由は、局員の「終身雇用」とフリーランスの「安すぎる映像価格」

ロシアのウクライナ侵攻で、日本のテレビ業界は国際的に汚名を着せられてしまいました。「日本人のテレビマンたちは、最前線に行かず安全なところでばかり取材している」と言われているのです。これまでも、世界各地で戦争が起こるたび、同じようなことは国内外からよく指摘されていました。私自身も、テレビ朝日に勤務しているときに、そう感じたものです。「なぜ、ウチの会社の記者たちは最前線に行かないのだろう」「なぜ、ウチの会社の上層部は戦争取材をおそれるのだろう」という疑問はいつも頭にありました。

このような悪評は非常に不名誉なものですし、日本のテレビの信頼性低下に直結します。現に私の周りの「ニュースに対する意識が高い人たち」のあいだからは、**「日本のテレビを見てもしょうがないから、ウクライナについてはＢＢＣなどの海外のテレビを見るようにしている」**という声もよく聞きます。

ではなぜ日本人テレビマンだけが、戦争の最前線に行かないのでしょうか？　日本人がほかの国の人に比べて臆病だから？　いえいえけっしてそんなことはありません。私の知る日本人戦場ジャーナリストたちはみんな使命感にあふれていて、素晴らしい人たちばかりです。ウクライナ侵攻でも、遅ればせながら一部の日本人ジャーナリストたちが最前線に行き、勇敢な取材を進めました。

でも、じつは日本のテレビ業界には残念ながら、他国よりも「最前線に行こうとするテレビマンたちに二の足を踏ませる」さまざまな裏事情があります。

まず、世間的な要因から言えば、すぐに「自己責任論」が出てきてしまうことも大きいと思います。「危険だとわかっているのに、わざわざ行くのは無責任だ」というような声がすぐに上がり、「救出にあたる政府に迷惑をかける」ことについて非難されてしまうので、ジャーナリストたちも戦場の最前線に向かいにくい、というのはたしかです。

この「自己責任論」は非常におかしな意見だと私は思います。**戦場で起きていることを世界に伝えるのは、医療や人道支援と同じように必要不可欠なこと**です。「なぜこのような戦争が起き、そこでなにがいま行われているのか」を知ることは人類にとっての財産です。報道は大切なインフラであるということを理解してほしいです。

こうした〝世間の声〟と並んで、日本人テレビマンたちを「最前線から遠ざけている」

業界内部の2つの要因があります。その1つは、日本のテレビ局が終身雇用であることではないでしょうか。終身雇用と、戦場の最前線に行かないことは一見なんの関係もなさそうですが、じつは大いに関係があるので説明しましょう。

逆方向から、なぜ欧米のテレビマンたちは最前線に行くのか？　という理由から考えるとわかりやすいです。それはあきらかに「成績を上げなければいけないから」。

欧米のテレビ局では、終身雇用はほぼありません。テレビマンたちはみんな地方局からキャリアをスタートさせて、実績を残すことによって有名になりキャリアアップして、最終的には全国ネットの大きな放送局での地位をゲットします。競争は熾烈。成績が悪ければいつまでたっても「いいポジション」を得ることはできません。世界のどこかで戦争が起きれば、彼らは「ジャーナリストとしての株を上げるため」に喜んで最前線に行きスクープ映像を狙うのです。

それに比べて日本のテレビ局はいまだに終身雇用です。大半の人は地方局に入ったら一生地方局ですし、キー局に入れば一生キー局。ステップアップもしない代わりに、みんな正社員で安定した給料が保証されています。べつにわざわざ危険な最前線に行く必要なんてないのでは……と考える人が多くても当然です。また、放送局側も労働組合の手前、

「従業員の安全確保」を優先して考えがち。スクープは二の次三の次、になりがちです。

「局員たちが戦争の最前線に行かない理由」は、おわかりいただけたでしょう。もう1つの要因は「フリーランスが最前線に行かない理由」なのですが、それは「命がけで取材した映像の値段が安すぎること」だと私は見ています。

そもそも日本の放送局は、ニュース映像の値段を安く設定しすぎです。フリーのジャーナリストが、どんなに苦労をして貴重な映像を撮影してきたところで、あまり買い取ろうとしませんし、買ったとしてもせいぜい数十万円くらい。そしてこれが「シロウトさんが偶然撮影した映像」だったりするとほぼ間違いなく無料。良くてもせいぜい記念品をくれるくらいでしょうか。これは本当におかしなことです。

もしあなたが**死の危険と隣り合わせで戦場の最前線に行き、映像を必死で撮影してきても、20万円程度しかテレビ局が払ってくれなかったら**最前線に行きますか？　もちろんジャーナリストたちは使命感に燃えてそれでも最前線に行くのですが、私なら「バカにするな」と言いたくなりますよ。

映像の価値をテレビ局自身が低くしてしまっている状況、本当に悲しくなりますよね。

いまでは貴重な生放送歌番組の『ミュージックステーション』は高度な職人技を継承していく

テレビ番組の中には、まるで文化財のように「このまま残してほしい」と思うものがあります。「テレビ遺産」とでもいうような貴重な存在の番組です。その筆頭が、テレビ朝日の『ミュージックステーション』（以下、『Mステ』）だと思います。

見ている視聴者にはそれほど伝わってこないかもしれませんが、「生放送の音楽番組を毎週放送すること」の作業の大変さは驚異的です。**「テレビの職人たち」の素晴らしい仕事が積み重なることによって**初めて、放送の継続が可能となっているのです。

もっとも大変なのは、やはりプロデューサーでしょう。元プロデューサーの先輩は「テレビ業界には本当に数多くのプロデューサーがいるが、その中でもいちばん多くの人から〝売り込み〟を受けるのはMステのプロデューサーかもしれない」と言っていました。

国内や海外の音楽業界関係者たちから、「ウチのアーティストを出演させてくれないか」という売り込みが毎日、昼夜を問わず分刻みでやってきます。『Mステ』は音楽番組として特別な、いまどき珍しい「ゴールデンタイムの生放送音楽番組」だからです。

だから、その売り込みの殺到の仕方は半端ではないと言います。その先輩いわく「本当にイヤになるくらい毎日毎日人と会わなければならなかった」。

かつてはゴールデンタイムにはいくつもの「化け物音楽番組」が存在しました。TBS系『ザ・ベストテン』や日本テレビ系『ザ・トップテン』などに遅れて、『Mステ』は始まりました。テレ朝はいわば音楽番組では「後発局」だったのですが、各局の伝説的番組が次々に終了する中で、唯一残った『Mステ』はオンリーワンな番組になったのです。

大変なのはプロデューサーだけではありません。「生放送の音楽番組」だからこその苦労がいろいろなスタッフにもあります。中でも〝命がけ〟なのが美術スタッフです。生放送でアーティストごとに次々とセットを切り替えていかなければならないのですから。

タモリさんがアーティストを紹介しつつ、ちょっとしたトークをしているあの**わずかなあいだに、前のセットをどかして次のセットを建て込んでいく作業は非常に危険を伴います。**実際、私の知っている美術のスタッフは『Mステ』のセットチェンジで大ケガをしてしまいました。

美術のセットを設計するデザイナーと、現場での作業を担当する美術進行との連携も重要になってきます。デザイナーは、美しいだけではなく、短時間で建てられて安全に作業できるセットを設計しなければなりません。そして美術進行が安全に現場を仕切らないと、事故が発生してしまいます。テレビ朝日の美術の花形は『Mステ』の担当です。

オンエア周りのスタッフも熟練の職人揃いです。『Mステ』が放送される金曜日には、テレビ朝日本社は朝から一種独特な緊張感に包まれます。金曜朝からほぼ丸1日をかけて行われる入念なリハーサルがあるからです。

音楽の生放送で、曲に合わせてディレクターがカメラを切り替えていくことを「曲を割る」と言いますが、それにはかなりの経験と習熟が必要です。**ディレクターの中でも曲を割ることができる人はほんの一握り**しかいません。

そして、セットとアーティストの配置や動きを考慮に入れてディレクターが考えた「割り」が書かれた台本をもとに、経験豊富なカメラマンや技術スタッフがリハーサルをくり返していくことで、アーティストサイドが納得できる映像演出を完成させていくのです。

注目されることは少ないかもしれませんが、私の印象に深く残っているのは『Ｍステ』のテロップの話です。当たり前ですが、**生放送では歌詞のテロップも生で付けることになりますから**、もしテロップが間違っていたり、順序が違っていたり、画面に載るタイミングが悪かったりしたら、せっかくの演奏が台無しです。

このテロップを正確に入れるのが大変だ、という話をＴＫ（タイムキーパー）さんから聞いたことがあります。

ＴＫさんというのは番組の時間管理を担当する人で、番組によってはテロップを入れる役目も果たします。フリーで、各局のたくさんの番組を掛け持ちしていて、毎日非常に忙しい仕事なのですが、『Ｍステ』のテロップ入れは絶対に間違ってはいけないということで、出演するアーティストが決まったときから毎日毎日、移動時間などに徹底的にその曲を聴き込むのだそうです。

『Ｍステ』のような「毎週生放送」の音楽番組は、日本のテレビ界にとって相当貴重な存在です。「技術とノウハウの伝承」という側面も大きいので、ぜひこれからもずっと続いていってほしいものだな、と思います。

年末年始番組

『M-1グランプリ』&予算不足によって年末年始番組が「ネタ番組一色」になったが、結局「M1以外全コケ」の悲劇が

私はお笑いが大好きなので、テレビ朝日系列で放送される『M-1グランプリ』（以下『M1』）が楽しみでしょうがありません。年に一度のお笑い界のビッグイベントですから、きっと私と同じように楽しみにされている人も多いはずです。いくつもあるお笑いの賞番組の中でも、特別感はやはり抜きん出ています。

そして、私たち視聴者にとってだけではなく、お笑い芸人さんたちにとっても非常に特別な番組です。なぜなら、**王者になればその瞬間から人生が完全に変わってしまう**からです。王者でなくとも、番組で「爪痕《つめあと》を残して」視聴者の記憶に残れば、それだけでも仕事の量は段違いに増えますからね。

私も、年末の特別番組のプロデューサーをしたことがあって、ゲストはやはり『M1』の王者やファイナリストから声をかけました。しかし、なかなか王者に出演してもらうこ

とは難しくて、2位のコンビになんとか来てもらい漫才をしてもらったことがあります。本当に一瞬でスケジュールが埋まってしまう感じで、王者のキャスティングはまさに「奪い合い」という状況なのです。

こうして『M1』のおかげで、お笑いショーレースが非常に盛り上がり、その結果お笑い芸人さんたちの仕事が増えるのはとてもいいことです。最近では『M1』の終了後の年末年始は、民放を中心に各局ほぼ「お笑いネタ見せ番組一色」の編成がされるようになってきました。これは別の側面から見ると、じつは番組制作費削減の影響も大きいのです。芸人さんたちを揃えてネタをやってもらえば、比較的安価に面白い番組を制作することができますから。各局お笑い番組でコスパ良く年末年始を乗り切ろうとしているのです。

でもその結果、なんとなく**視聴者にとっては「食傷気味な供給過剰状態」になっています**。もうお笑い番組は見飽きたな……と思う人も多いはず。

かつては「お笑いネタ見せ番組」は、除夜《じょや》の鐘《かね》を聞いてから始まるのが定番でした。無事年も明けて、おめでたい雰囲気を盛り上げるために漫才や落語を見るというのが、日本の年中行事だったのです。まあ、漫才のルーツともいわれる三河万歳《みかわまんざい》も、正月をお祝いする芸事《げいごと》という感じですもんね。

それが『M1』と制作費削減の影響もあって、最近ではクリスマス終了あたりから正月明けまで「お笑いネタ見せ番組」が延々と続くようになったわけです。10日間以上もずっと、どこのチャンネルを見ても同じような番組がくり返し放送されて、しかも出演しているのもほぼ同じメンツ、そしてネタも「何度目だ」と思うくらい同じもののくり返しになるわけですから、見飽きないほうが不思議です。

そして結局は「M1がいちばん面白かったな。M1は超えられないな」という印象だけが残ります。さらには「最近の年末年始番組はつまらなくなったな。もうテレビは見なくていいな」と思う人が増えて、テレビ離れまで進んでしまうわけです。

出演する芸人さんたちにとってみても、これはある意味かなりやりにくい状況のはずです。いっせいにたくさんの番組に出続けなければならないので、新しいネタを考える余裕がないから、やむを得ず同じネタのリピートになる。「もうこの人たち見飽きたな」と思われてしまったら、芸人としての寿命まで短くなる危険性があります。

これではまるで〝三方損《さんぽうぞん》〟です。**誰にとってもいいことがない「年末年始のお笑いネタ見せ番組集中しすぎ問題」**は、一刻も早く解決したほうがいいのです。

紅白歌合戦

『紅白』が最近面白くないのは「技術力」と「お金」と「アイデア」をヘンな方向に全力で注ぎ込んでしまっているから

ＮＨＫ『紅白歌合戦』（以下『紅白』）が最近あまり面白くないと思いませんか？

私はずっと「ヘンな方向に迷走しているな」と感じています。

間違いなく「日本の大晦日と言えばコレ」という大定番番組ですし、**そもそもそのコンセプトは単純明快で、こねくり回して制作するような番組ではない**と思うのです。どこにそんなに迷走ポイントがあるの？　とＮＨＫに聞きたくなります。

まず、『紅白』の基本コンセプトと、なにを私たちは面白がっていたのか、という部分をおさらいしておきましょう。私はこうまとめられると思います。

辞書風に書きますと、このように定義してもいいのではないでしょうか。

「紅白歌合戦とは、①女性歌手が「赤組」、男性歌手が「白組」に分かれて無邪気に勝ち負けを争うさまを　②大晦日の夜に豪華アーティストが渋谷のＮＨＫホールに一堂に会し

て生中継で放送し　③お年寄りから子どもまで家族みんなが揃って楽しめる　④その１年のヒット曲を大集合させた　⑤大晦日恒例のフェスのような日本の定番番組」

まあだいたいこんな感じの５つのポイントをみなさん楽しんでいらっしゃるということにそんなに異論はないのでは。

ところが最近ＮＨＫは自らの手で、わざわざこの５つのポイントを破壊しにかかっている感じです。「紅白なんてダサいし時代に合わないから、カッコよくて若者に見てもらえるような新しい音楽番組にしようぜ！」とでも思っているのでしょうか？　だとしたら、**そもそも誰も「カッコいい紅白」なんて望んでいないし大きな勘違いだと思う**のですが、まるで「紅白を、ぶっこわ〜す」と言わんばかりに、大きく変えようとしています。

まず①の「男女が紅白に分かれて争う」というポイントが〝ヤバイのではないか〟と、どうやらＮＨＫは思っているようです。「男女に分けて争わせる」のが、男女同権とかジェンダーフリーの観念からダメなのではないかと思い始めているようですね。

なんだか「カラフル」というコンセプトにしてみたり、レインボーがどうのこうのってわざと強調したり、ＬＧＢＴＱの人のことを取り上げたり、会場をいろんな色の花で埋めてみたり……最近そんな感じで、「紅《あか》と白」という基本コンセプトをできるだけ薄めようと一生懸命な気がします。

でももともと『紅白』って、お正月にも使う縁起のいい赤色と白色で「めでたい気分を盛り上げよう」ってことですよね？　だったら赤組と白組を変えるのではなく、男女で分けるのをやめにして、クジ引きかなにかで分けたらどうですか？

そもそも最近のアーティストは、だいたい男女混成でグループになってますよね？　男女別だと「赤組と白組どっち？」ってケースも多いわけですから、性別で分けなければそれでいいだけのこと。「今年は東日本出身と西日本出身で紅白に分かれて争います」とかでもいいですし、なにもそんなに小難しく「ジェンダーがどうの」とか言わなくてもいい気がしませんか？　めんどくさいことを考えずに単純に歌を楽しみたいです。

②も最近おかしな感じになっています。お金が余っているからなのか、豪華にしたいからなのか、あちこちの会場を結んで多元中継にしてみたり、**演出を全国各地からすることで「豪華アーティストが集結している感」がどんどん薄く**なってしまっています。

さらにここぞとばかりに、みなさまの受信料で開発した最新撮影技術をアピールしようとぶち込んできますから、はたしてコレは生放送なのか？　事前に収録したものなのか？

の区別すらできなくなってしまいます。ぜんぜん生放送っぽくなくなっているんですよね。これじゃあ⑤のフェスっぽさもライブ感もまったく感じられないですよ。

③も「なんでこの人なの？」と首をかしげたくなるような人選が多いですね。若い人からもそんなに支持されてなさそうな〝謎の流行りもの〟が登場したり、もはやお年寄りにすらそんなにファンがいなさそうな人が登場したり、しかもなぜか「今年の歌でもなんでもない昔のヒット曲」を歌ったりしますので④もアウトです。

それに加えて**「ＮＨＫの番組の主題歌とか番宣」も多数登場して、よくわからない番組になってしまっているのです。**

まあそもそもＮＨＫにはまじめな人が多いので、「視聴率が例年より低い」とか言われると「これはいろいろ改革をしなければ」と思ってがんばってしまうのだと思います。

しかも、ＮＨＫの中でもいちばんの看板番組ですから、きっといろいろなエライ人が「もっとああしろこうしろ」と口を挟んでくるのでしょう。

ですから、迷走してしまう状況もわかるのですが、ここは基本に忠実に。そもそも「なぜ国民に広く愛されていたのか」に立ち返って、しかもあまり視聴率に一喜一憂せずにドンと構えて制作するのがいいと、民放出身の私は思います。

制作の闇 2

海外ロケ
CG・特撮
コンプライアンス
スキャンダル

海外ロケで「ヤラセ」頻発の大きな理由は「優秀すぎるコーディネーターたち」が「無茶振り」をなんでも実現してしまうから

世界には、想像を絶するような秘境や危険地帯があります。こうした「まだ見たことのない場所」を紹介する「海外ロケ番組」は、昔もいまも人気があります。

こうした番組を制作できるのは、「コーディネーター」と呼ばれる人たちのおかげです。海外ロケは、優秀なコーディネーターさんたちがいて、**「ロケに慣れていて、話のわかる地元の有力者さん」たちとパイプを持っているから**成り立っているのです。

コーディネーターさんには、日本人も日本語のうまい外国人もいます。旅行会社などを経営している現地の会社が副業として撮影コーディネート業務をしている場合もありますし、コーディネートを専門にしている会社や個人もいます。とにかくその地域に精通していて、言葉もペラペラ。地元のことはなんでも知っています。

コーディネーターさんたちはとても優秀な人たちが多くて、「こんなものが撮りたい」

というディレクターの要望をかなりがんばって実現してくれます。無茶振りをしてもほぼなんでもやってくれるような感じです。

たとえば「珍しい動物」の撮影などでは、タレントを連れたロケで撮影期間が限られていたりすると、野生の個体に偶然出くわす可能性はゼロに等しい。そこで、あらかじめそういう希少動物を「ほぼ飼い慣らしている」人や、撮影しやすいポイントを押さえておき、話をつけておいてくれるので、東京から行けばすぐ撮影できます。

そして、東京のディレクターやプロデューサーはついつい、「コーディネーターさんが優秀すぎるので」勘違いをしてしまいがちです。本当は、コーディネーターさんは現地でいろいろと苦労をしながらギリギリなんとかしてくれているのであって、「お願いすればなんでもやってくれる」わけではありません。

なのに、番組を面白くしようとしすぎて、**つい「無茶なお願い」**をしてしまいます。そういう土壌があるから、**ときにはヤラセが起きてしまう**のです。

大部分のコーディネーターさんは、取材倫理の問題もちゃんと心得ていてくれて、ヤラセにはならないよう、演出の範囲内で収まるように段取りを整えてくれますが、一部の国ではけっこう「金さえ払えばなんでもできる状態」になっていて、本当に大丈夫だろうか？　とこちらが不安になることがあります。

いろいろ差しさわりがありそうなので具体名は伏せますが、私の経験から言うと、東南アジアのとある国はちょっと危険だと思います。先輩が**「ケンタッキーフライドチキンを持っていけば留置場でも刑務所でも内部で撮影できる」**と言っているのを聞いたことがあります。その国で「潜入映像」を撮ってきて放送している番組もけっこう多いのですが、私自身もあの国の筋の悪い人物にだまされそうになったことがあり、内容の信憑性《しんぴょうせい》に疑問を抱かざるを得ないところがあります。

こういう〝地獄の沙汰《さた》も金次第〟みたいな国でロケをするときには、番組側がきちんとした意識を持っていなければなりません。プロデューサーなどがロケ内容を事前に把握し、コントロールをする必要があります。仲間を信頼するのが大前提とは言っても、人は誰しも追い込まれたら、ついインチキをしたくなるものだと思っておいたほうがいいです。

とにかく、海外ロケでは「やろうと思えばどんなヤラセも容易にできてしまう」側面がありますから、テレビマン自身がきちんと倫理観を持って臨まなければなりません。そして、視聴者のみなさんにも「内容を少し疑ってみる」くらいのスタンスで見ることを、少し残念ではありますが、オススメしたいです。

「歓迎の踊り30万円！」海外ロケには「不思議なお約束」が……「あの探検隊」から現在まで続く「ビックリルール」の数々

前項でも書いたように、海外ロケ番組の内容はあまり真《ま》に受けないでください。ヤラセとまでは言わなくても、そこにはまあまあたくさん「テレビマンしか知らない不思議なお約束」があるのです。

かつての大人気番組『水曜スペシャル　川口浩《かわぐちひろし》探検シリーズ』の頃はとてもわかりやすくお約束だらけでしたね。嘉門達夫《かもんタツオ》さんの「ゆけ！ゆけ！川口浩!!」という歌でも歌われているように、洞窟の中にはピカピカに磨かれた白骨が転がり、底なし沼にハマる先住民の顔が笑っている……そんな世界でした。

かつて大先輩が、**「金色の蛇にしたくてスプレーで蛇に色を塗ったら酸欠でグッタリして動かなくなった」**という話をしているのを小耳に挟んだことがあります。さすがにいまはそんなことをしたらヤラセや動物虐待になってしまうので絶対にありえませんが、海外ロケでは「日本の視聴者にはわからないだろう」というなし崩し的なメンタルが働くのか、

〝ちょっと演出が多め〟になりがちな面はいまでもあります。

たとえば「先住民たちの歓迎の踊り」みたいなシーンを番組でよく見ることがあると思います。私の知る限り、「遠く離れた日本からよく来たな」という純粋な気持ちで歓迎の踊りを踊ってくれる先住民の人はまずいません。そもそも、民族衣装のようなものを着て生活している先住民さんはまず存在せず、だいたいみなさん、我々と似たような洋服を着てスマホを器用に使いこなしている文明的な人がほとんどです。

ではなぜ彼らが「民族衣装で歓迎の踊り」を踊ってくれるかというと、コーディネーターからお願いされた現地有力者が、テレビの取材のために現地の人たちを〝調達〟してくれているからです。サービスで「歓迎の踊り」を踊ってくれるはずはないですから、当然謝礼は伴います。自分の経験と海外ロケ経験の多い仲間の話を総合すると、**歓迎の踊り1回の相場はだいたい10万〜30万円**です。

「取材の謝礼」ということで言えば、「ジャングル奥地の未接触部族の撮影に初めて成功した」みたいなロケでは、現地の政府機関への「取材協力金」の支払いが必要なケースも多いです。少数民族が多いある国では、「ある民族を初めて撮影する」謝礼金の相場がかつては数十万〜百万円くらいだったということですが、それを日本のとある放送局が金にモノを言わせて10倍くらいに吊り上げてしまい、世界じゅうの顰蹙《ひんしゅく》を買ったことがあるのは業界では有名な話です。

「高額な謝礼」という例では、かつて北朝鮮の脱北者たちへの取材がブームになったときには、取材謝礼の相場が驚くほど急上昇しました。各局で「面白い証言ができる脱北者」の取り合い状態になり、インタビュー1回で謝礼10万円くらいは当たり前になってしまいました。ある局が、**「北朝鮮内部の衝撃的な映像」の素材を2000万円以上の高値で落札**したという話も耳にしました。

ある脱北者から「このあいだNHKの取材に応じたら、謝礼金を払わずに記念品のタオルしかくれなかった」と文句を言われた（テレビ朝日の私がなぜか）こともありますし、「喜び組の女性」のインタビューが終わった直後に、「もっと謝礼をたくさん払え」と言われて撮影済みのテープを奪われ、走って逃げられたこともありました。「脱北者バブル」のような状況下、かなりおかしなことになっていたのはたしかですね。

あと、有名な〝お約束〟で言えば、海外ロケには「タイアップ」というものが存在します。特定の企業や、ある国の政府観光局などが「宣伝してくれることとひきかえに」ロケに必要な費用の一部を支払ってくれるのです。ニュース番組などではあまりタイアップをしないようにしていますが、それ以外の番組では、多かれ少なかれタイアップなしでの海外ロケは成り立ちません。

いちばん典型的な例は「無料航空券の提供や料金の割引」と「ホテル宿泊代の免除あるいは割引」です。番組で「飛行機の離着陸や飛んでいる飛行機の映像」が流れたら、その航空会社のタイアップだと思ってください。ホテルの外観が出てきたらそれもだいたいそのホテルのタイアップです。

そうして、出演者やスタッフの旅費を節約するのは当たり前です。さらに一歩進んで、外国の観光局などから「どこどこの観光スポットを取材してくれたら○十万円」と申し出があるケースもよくあります。国によっては**「ウチの国を取材してくれて、指定するスポットを撮影してくれたら○百万円」**などというタイアップもしばしば。

いま日本で人気の海外の観光地の中には、こうしたタイアップを頻繁《ひんぱん》に行うことによって、日本で放送される回数を増やし、巧《たく》みな宣伝をしている国も多いです。

知らないあいだに、世論まで操作されている可能性まであります から、要注意です。

日本のテレビ番組のCGや特撮が「イマイチ」なのは、ディレクターやプロデューサーに知識がなさすぎて「ちゃんと発注できない」から

日本のテレビ番組のCGや特撮のレベルは、残念ながら高いとは言えないようです。私の周辺にいるテレビCG関係者に話を聞くと、いちばんの問題は「もらえる予算と時間が少ない」ことだと言います。韓国や欧米などのテレビ番組では、莫大《ばくだい》な予算をつぎ込んでハイレベルなCGをつくることができますが、**日本ではドラマなどの制作予算が低いから凝《こ》ったCGや特撮はできない**のが残念だ、とみんな嘆きます。

日本のテレビの制作費が低いことがクオリティに影響している件は、本書でもくり返し書いているので、それはおいておきましょう。それ以外にもいろいろと日本のCGがイマイチな理由はあるので、それをご紹介します。

でも、ちょっと不思議だなと思いませんか？　じつは日本人のCGクリエイターたちは

世界で活躍していますし、日本のＣＧのレベルはぶっちゃけそんなに低くはありません。なのになぜテレビのＣＧはダメなのか？　おかしいですよね。

その答えを、大学でＣＧを教えている専門家の先生に聞いて驚きました。なんと日本の優れたＣＧクリエイターのほとんどは「ゲームの世界に行くから」なのだそうです。ゲームのＣＧをやったほうが、お金がたくさんもらえて有名になれます。しかも、いまの若い人のほとんどは、あまりドラマは見ません。見るとしても韓国のドラマで、内容は恋愛モノが多いということで、そんなにＣＧが使われているわけではありません。

だから、若者のほとんどは自然とゲームのＣＧクリエイターを目指すわけです。そして、その次に目指す業界は「映画のＣＧ」なのだそう。やはり映画は予算規模も大きくて大がかりなＣＧがつくれますからね。その結果、**ほとんどテレビのＣＧを目指す人はいない、**ということになってしまうわけです。

また、映画のＣＧとテレビのＣＧは非常に共通点も多く、映画のＣＧのレベルは日本はかなり高いのですが、テレビ側の予算規模があまりに小さいため、映画からテレビへの技術や人の移行がうまくいっていない、ということのようです。

それとは別次元で、テレビのCG担当者たちが嘆く問題があります。それは、あまりにテレビの制作者たちがCGのことについてなにも知らないこと。ディレクターやプロデューサーにCG制作の基礎知識がまったくないため、**「物理的にどう考えても不可能」なメチャクチャな発注が多い**というのです。

私はCG制作の基礎知識をデジタルハリウッド大学大学院で勉強しました。本当にお恥ずかしいほど基礎の基礎ではありますが。でも、その「基礎の基礎」の知識があるから、CGというものができ上がるまでにどのような工程があって、どの程度の時間と手間、予算、人数がかかるかを想像できます。また、CG担当者の説明を聞けば、やろうとしているCG制作の難易度もだいたい理解できます。

こういう知識があるからこそ、「こんなCGをつくろうと思ったらこのくらいの予算で、このくらいの日数が必要だな」と計画を立てることができるわけですが、残念ながら、日本のテレビ業界のプロデューサーやディレクターに、こうした基礎知識を持つ人はほとんどいません。

だから、「これ、明日までになんとかならないかな」などと突然の無茶振りを受けてCG担当者一同のけぞったり、「この予算でいついつまでにお願いします」と、びっくりするような**低予算と短い納期を言われて、なんとかするためにクオリティは犠牲に**せざるを得なくなっているというのが、悲しい現実なのです。

海外、たとえばお隣の韓国などでは、どこの大学にもだいたい、映画学科とかテレビ学科のような映像について学ぶ専攻があって、そういうところの出身者がプロデューサーやディレクターになるケースが多いといいます。そうするとテレビマンの多くがＣＧの基礎知識を学校で学んできていることになります。

それに比べて日本の場合は、そういった専門教育を受けていない人間がテレビマンになっている場合が多いので、ＣＧや特撮に対する無理解が問題となるわけです。

これは自戒の念も込めてですが、映像関連の進歩はとても早いので、テレビ業界で働くならば常に勉強し続けなければならないと思います。そうして自分自身をアップデートしていかないと迷惑を他人にかけてしまいますから、気をつけたいものです。

コンプライアンス

各放送局が「コンプライアンス担当」を置いたことで誰もミスの責任を取らなくなり、番組はつまらなくなった

なんだか「コンプラ」という言葉が流行している感じですよね。テレビ業界でも「コンプラ」という言葉を聞かない日はないくらいです。

とにかくすぐに番組内容がネットで炎上しますし、そうなると**スポンサーが過剰にビビってしまうので、すぐに番組存続に関わってきます。**ですから、コンプラを気にせざるを得ないし、現場は「とにかく問題を起こさないよう」おっかなびっくりです。

そして、気にしなければならないコンプラの種類も、近年どんどん増えています。いまパッと思い浮かぶものだけでも、「性差別」「ＬＧＢＴＱに対する配慮」「人種・民族差別」「障害者差別」「身分・職業に関すること」「犯罪を助長しないか」「いじめを助長しないか」「青少年に対する配慮」「プライバシーに対する配慮」「反社会的集団の問題」「宗教に関すること」「残酷・過激なシーンの問題」「スポンサーに対する配慮」「薬物・アルコール・タバコなどの依存症患者への配慮」「自殺を助長しないか」「動物虐待になっていないい

か」「医療・健康情報の信頼性」「環境への配慮」「食べ物をムダにしていないか」……きっとまだまだあると思いますが、こんな感じでテレビを制作するうえでチェックしなければならないことは無数にあるのです。

さあ、これだけ多方面にわたっていろいろな問題があると、もはやプロデューサーやチーフディレクターだけではチェックしきれません。勉強するといっても限界があります。どうしようか？　ということで**各局がコンプライアンス担当を置いて、専門に番組内容をチェックさせるようになってきた**のも当然です。

でも、「コンプラ担当がいる」ということがテレビをつまらなくしている現状があります。その理由を説明しましょう。

まず、かつてテレビはどのようにコンプラチェックをしていたか？　を知っていただくとわかりやすいので、そこから話を始めます。

本来はテレビ番組の「社長」、つまりすべての決定権を持っているのはプロデューサーでした。プロデューサーが「これは放送する」と決めれば放送されますし、「これはやめておこう」と言えばカットされるのです。わかりやすくプロデューサーが全権を持ち、放送した結果、なにか問題が起きればプロデューサーが責任を取るのです。

ですから、VTRのチェックの際は、ディレクターが編集したものをまずはチーフディレクターがチェックし、そのあとプロデューサーがチェックすれば基本的にはOKでした（番組によってはスポンサーや編成、営業のチェックがある場合もありますが、それは基本的には営業的なチェックであり、コンプラチェックではありません）。

なので、番組として攻めた内容を放送することができたのです。ディレクターがどうしても表現したいことがあるときには、「ここはこうしたい」とプロデューサーと話し合います。プロデューサーも「できるだけ面白くて新しいものを自分の番組で放送したい」と思っているのが普通ですし、かわいい部下がやりたがっていることをできるだけやらせようと思うのが人情です。

「こういうコンプラ上の問題がありそうだけど、ここをこうすれば放送できる」とか「問題にならないようにこういうエクスキューズを入れよう」などと、できるだけ放送することができるよう、チェックを「前向きな」方向で進めるのです。

しかし、**コンプラ担当は通常そんなに「前向きなチェック」はしてくれません。**チェックを担当した番組で、もしなにか問題が起きたら自分の責任になります。そして現状「なにが炎上するのか、放送してみないとわからない」という微妙な問題も多い。そうするとコンプラ担当的には「とりあえずヤバそうだからやめときましょう」ということで「うしろ向きに」すべてカットしておこうということになってしまいます。

考えてみれば当然です。プロデューサーと違ってコンプラ担当は、番組が高視聴率でも自分の評価にはつながりません。でも、問題が起きたら自分の評価は下がるのです。だったら、できるだけカットしておこう、となるに決まってますよね。

そうなると悪い循環で、番組サイドも「コンプラ担当が見ているのだから」というので、あまりちゃんと考えずに番組を制作するようになります。プロデューサーとコンプラ担当がお互いに責任をなすりつけ合って、誰も責任を取らなくなります。さらに、チェックの回数が増えるので、制作会社のスタッフの負担もずいぶんと増えてしまいます。

番組はつまらなくなるし、かといって「コンプラ炎上」が減るわけではない。しかも現場はどんどん大変になる……。私は、「コンプラ担当」ではなく「コンプラアドバイザー」みたいな人を置いて、**プロデューサーが責任を持ってチェックをし、それをコンプラアドバイザーが助けるような体制**がいいのではないかと考えています。

スキャンダル

「薬物犯罪」を犯したタレントは復帰できるが「不倫」したら復活できないのは、局とスポンサーが「炎上」をおそれるから

なんだか最近〝テレビから消えるタレント〟がちょいちょいいますよね。私もよく「どういう基準でテレビに出られなくなるのか？　そしてどういう基準で許されてテレビに復帰できるのか？　それは誰が決めているのか？」と質問されることがあります。

じつはテレビ業界に「テレビに出す・出さない」を決めている人はいません。正確に言えば一応いるにはいるんですけど、テレビ局自身が自発的に線引きしているのではなく、諸々の状況から判断したり忖度したりして決定しています。

ですから、簡単に言えば**「テレビに出す・出さない」を決めているのは、民放の場合は事実上スポンサー**です。

そして「基準」という意味では、具体的なガイドラインのようなものはなにもありません。ただ、スポンサーが難色を示すか、有力な芸能事務所が難色を示すと、そのタレント

はテレビに出演できなくなります。そのあたりを具体的に説明しますね。

ご存知のように、民放のテレビ番組はスポンサーからもらう広告料で成り立っています。スポンサーとなる企業は、自社の製品やサービスを宣伝したり、自社のイメージを上げるためにテレビCMを打つわけですし、そのため番組提供してくれています。そうなると、もっともコワイのは「自社の顧客及び潜在顧客に嫌われる」ことです。

そして、テレビに広告を出しているスポンサーの製品やサービスは、女性向けのものが比較的多いです。ですから当然、**「女性に嫌われること」がいちばんアウト**です。

あと、お年寄りより若者に嫌われるのをイヤがります。なぜなら「これから長いあいだ顧客として期待できる」のは若者だからです。

それから、じつはテレビCMには「求人目的」のものも多いのです。いい企業イメージを若者に抱いてもらって、優秀な学生たちに採用試験を受けてもらいたいんです。だから、若者に「なんだあの会社」と思われるのは非常に避けたい事態です。

ほぼすべてはこの考え方に従って決められています。スポンサーが「このスキャンダルはウチの主要顧客である女性に反感を持たれる」と思えば、テレビ局に「あのタレントはちょっと困ります」と伝えることになり、テレビはそのタレントを「出禁」にします。

ですから、たとえば「違法薬物で捕まったタレントのほうが、不倫など女性スキャンダルを起こしたタレントより復帰が早い」などということが、まま発生するわけです。

考えてみれば「違法薬物は犯罪」で「不倫は犯罪ではない」わけですから、ちょっとおかしい？　とも思いますが、**テレビと社会では罪の重さの捉え方が違う**のです。

違法薬物で服役したり執行猶予期間を終えたりしたタレントは、たとえば「薬物依存症患者のリハビリに協力する」とか「薬物乱用の恐ろしさを訴える活動に参加する」などすれば、「あの人はあやまちを犯したけれど、更生しようとがんばっているし、社会を良くするための活動にも参加している」ということで、それほど視聴者の反感を買いません。スポンサー企業としても「反省して社会活動もしているタレントを応援したい」という企業メッセージは、むしろ若者などにも好感を持って受け止められます。だから、**そういうタレントのテレビ出演を〝許す〟**ことができるのです。

しかし、女性スキャンダルなどを起こしたタレントはそうはいきません。女性顧客たちの反感を買ってしまいます。しかもそのスキャンダルがたんなる不倫などではなく、女性をバカにしたり下に見ているようなものだったりすると（「トイレで」とか、「髪をわしづかみにして」とか……）女性たちはそのタレントをそう簡単に許してはくれません。なのでスポンサーとしてもテレビ局としても、そのタレントの復活をそうは簡単に認めないのです。これが「スポンサーが難色を示す」ということです。

では、「芸能事務所が難色を示す」とはどういうことでしょうか。この背景には「日本独特のテレビ局と芸能事務所の関係」があります。

日本のテレビ局は、これまでの長年にわたる〝お付き合い〟の中で、芸能事務所と独特の〝持ちつ持たれつ〟の関係を築き上げていて、日本のテレビ番組制作はその関係性があるから成立しています。

いまだにほとんどのテレビ番組では、「タレントの出演契約書」を取り交わすことはありません。ギャラも暗黙の「あ・うんの呼吸」で決められています。テレビ局が困れば芸能事務所が助けますし、芸能事務所が困ればテレビ局が助ける、という感じの**「義理人情と信頼にもとづいたウェットな関係」**で仕事を進めているのです。

もし、タレントがスキャンダルを起こせば、芸能事務所は最大限そのタレントをかばいますし、迷惑をかけたテレビ局に対しては、最大限その穴埋めをがんばります。言ってみれば芸能事務所は、「タレントの親代わり」となり連帯保証人のようにそのタレントのケツを拭くのです。同じ事務所のタレントたちも、同じ事務所の仲間の窮地《きゅうち》をけん命に救おうとがんばってくれます。だから芸能界では、「先輩後輩の仁義」などが重視されます。

ただこれはあくまでも、「スキャンダルを起こしたタレントが素直に反省の姿勢を示している場合」に限られます。もしそのタレントが事務所を裏切ったり、仲間のタレントたちに迷惑をかけた場合には、「義理人情に反したもの」として厳しく責任を問われることになります。「裏切り者」は簡単には許されませんから、完全に仲間外れにされます。それはそのタレントの所属事務所にとどまりません。**「秩序を乱すもの」としてほかのタレントや事務所からも排斥《はいせき》されます。**「共演ＮＧ」などにされて、共演することを拒まれたり、事務所を移籍しようにも引き受けてくれる事務所が現れなかったりします。

こうして芸能事務所が難色を示すと、タレントはテレビに復活できなくなるのです。

このようにスポンサーや芸能事務所に拒否されてしまったタレントが、テレビに復活するにはどうしたらいいのでしょうか。その方法がなくはありません。

私が思うに、〝やらかしてしまった〟タレントさんが復帰をするためには、まずは「スポンサーがいない場所」を選ぶべきです。たとえばお笑い芸人さんであれば、いきなりテレビに出ようとするのではなく、演芸場や寄席《よせ》、あるいは演劇などの「劇場」から復帰を目指していくべきではないでしょうか。

こうした「劇場」にはそれほど大きなスポンサーは付いていませんから、出演自体が許されるハードルがテレビに比べてずいぶん低いはず。芸能界的にも「裸一貫で劇場からやらせてください」と頭を下げれば、反省していると認められる可能性はあります。

「とにかく芸能の仕事が好きで、自分にはこれしかありませんからがんばります」という姿勢で、コツコツ劇場の仕事をがんばっていけば、そのうち「あの人はまじめに反省している」とか「がんばっているからチャンスをあげてはどうか」という世論が自然と湧き上がってくると思います。それを待たなければなりません。**「同情的世論」が増えれば、スポンサーも芸能事務所も「許す理由と体面」が立つ**わけです。

このように、じつはテレビの世界はけっこう「昭和のままの世界」なのです。

3

人材の裏側

アナウンサー
ディレクター・AD
特派員
ベテラン
役員
新卒採用

いま「男性アナウンサー」が辞めてしまうのは、スポーツ実況が減り、ニュースやバラエティの出番もない「男性アナ氷河期」だから

もし「好きな男性アナウンサーは誰ですか」と聞いたら、名前が挙がるのはおそらくTBSの安住紳一郎《あずみしんいちろう》アナや、元日テレの羽鳥慎一《はとりしんいち》アナ、元・日テレの桝太一《ますたいち》アナぐらいではないでしょうか。安住アナと羽鳥アナはアラフィフですし、桝アナはアラフォーで、いずれもかなりのベテランです。そしてきっと、彼らより若い男性アナの名前はあまりパッと思い浮かばないのではないでしょうか。

いま男性アナは「氷河期」とも言える厳しい状況に置かれています。かつては「女性アナウンサーは歳をとるとほかの部署に異動させられるけれど、男性はアナウンサーのまま定年を迎える人が多い」感じでしたが、いまでは男性アナも比較的若いうちに人事異動で報道記者や広報セクション、秘書などになるケースが増えていて、**アナウンサーを辞めてぜんぜん違う仕事に転職してしまう人も増えています。**

女子アナが脚光を浴びているその裏側で、男性アナは〝絶滅の危機〟に瀕しているので

す。なぜなら、彼らの仕事がどんどんなくなってしまっているからです。

男性アナウンサーの「花形」はかつてはスポーツ実況アナでした。しかし、残念ながらいまやスポーツ番組の数は驚くほど減ってしまいました。巨人戦がテレビのキラーコンテンツで、ゴールデンタイムに野球が多く編成されていたのは、遠い昔の話になりました。最近では野球もサッカーも、スポーツの試合は専門の有料チャンネルで見るのが当たり前になりましたよね。ということは、**地上波に「スポーツ実況アナはいらない」時代**になったということです。

そして**ニュース番組でも、メインＭＣのほとんどは女性アナウンサー**です。民放各局の平日夜のメインニュース番組の「顔」を思い出してみてください。日本テレビは有働由美《うどうゆみ》子《こ》アナ。ＴＢＳは小川彩佳《おがわあやか》アナ。フジテレビは三田友梨佳《みたゆりか》アナ。テレビ朝日は唯一男性ですが、大越健介《おおこしけんすけ》キャスターはアナウンサーではなく記者出身で、金曜日はメインが徳永有《とくながゆ》美《み》アナ。テレビ東京は大江麻理子《おおえまりこ》アナと佐々木明子《ささきあきこ》アナ。ジェンダー平等の意識が高まっているからなのか、女性の視点が大切にされるからなのか、ほとんどが女性アナで占められているのが現状で、男性アナはせいぜい「サブ」なのです。

さらに、バラエティ番組も男性アナにとっては〝逆風〟です。番組制作費が減っていますから、女子アナを「お金がかからないサブスクタレント」のように考えて、アイドルなどの代わりに出演させて予算を節約するのが、いまや制作サイドの常識です。

それに、日本のバラエティ番組のメインMCのほとんどはまだまだ男性タレントですから、その「サブ」をやらせるには、女子アナのほうがバランスがいいということで、男性アナはあまり「お呼びでない」んですよね。「男性アナはバラエティに起用されないから有名になれない。有名じゃないからいっそうバラエティに起用されない」という**「バラエティ・デフレスパイラル」みたいな状況**になっています。

このように、テレビ番組の三大ジャンルである「スポーツ、ニュース、バラエティ」のどれでも、男性アナウンサーたちは厳しい状況に追い込まれています。「なんであの人は辞めてしまったんだろう？」と思われるような退職者が増えているのは、こうした「男性アナ氷河期」が背景にあるからなのです。

いま「女性アナウンサー」が辞めてしまうのは、「極端な若手重視」で「局に長くいる理由」がなくなったから

さて、なぜ男性アナウンサーが辞めてしまうのか、おわかりいただけたと思いますが、じつは辞めるのは男性ばかりではありません。女性アナウンサーも「すぐに辞めたくなってしまう」現実があります。その理由は？　簡単に言うと「極端な若手重視」で、局に長くいても報われないからです。

かつては新人アナウンサーたちは、すぐにテレビに出ることはできませんでした。「アナウンス部」と言えばテレビ局内では体育会系の代表格で、**入社するとすぐに『巨人の星』のような〝地獄のスパルタ訓練〟**が待っていました。

アナウンスの基礎からの徹底的な教育はもちろん、礼儀作法もみっちり教え込まれますし、合宿でランニングさせられるようなノリの、「甘えた性根を叩き直す」と言わんばかりの〝新兵訓練〟が行われているのを横目に見ながら、我々総合職の局員は「アナウンス

部コエえなあ……」とビビっていたのです。

「毎日アナウンス部で先輩たちの机を磨き、かかってきた電話は誰よりも早く取って完璧な日本語で対応しなければならない」というのが新人アナに課せられたいちばんのタスクでした。

そんな訓練期間を経て半年くらいで、ようやく「初鳴き」と呼ばれるテレビ番組への初出演が許されます。そしてそこから、提供読みとか5分程度の短い定時ニュース、さらには番組のコーナー出演などを経験して、何年も経ってようやく大きな番組へのメイン格での出演が許される！　というのがアナウンサーのたどる道だったのです。一歩一歩階段を上るようにして、次第に「一人前」として認められるのです。

ところがいまや状況はまったく変わってしまいました。女性アナウンサーという職業の〝位置付け〟自体が大きく変化してきたのだと思います。かつては局に所属する「伝え手、読みのプロ」としての職人の役割が重視され、「技術を身につけさせたあとでないと恥ずかしくて表に出せない」という考え方で教育がなされていました。

それがいまや**「手軽に使えて、出演料もかからないサブスクタレント」**のように扱われるようになってしまいました。月給はかかりますが、番組ごとの出演料はいらないわけですから、まさに「定額制」と言えますよね。

前項でも少し書きましたが、番組制作費が減る一方の状況で、「女性タレントの代用としてお金がかからない女性アナを起用しよう」という風潮が強くなっています。となれば、できるだけ若くて新鮮味があるうちに画面に出演させようということになって、いまや入社直後から大きな番組のサブMCを務めるようなケースも増えてきました。

たとえば私の古巣であるテレビ朝日でも、『ミュージックステーション』のアシスタントにいきなり新人女性アナを起用するのがもはや定番化しています。

ということで、女性アナは、いまや「入社即戦力」を求められています。長期間の訓練などしている余裕は、どんどんなくなってきていますから、学生時代にアナウンススクールに通うのは当然のこととして、**アイドルグループの所属経験や子役経験があるような人材が採用されるケース**が増えているわけです。

そして、サブスクタレントですから、人気があるうちはガンガン出演させられることとなり、けっこうブラックな職場です。気をつけないと、からだや心を病んでしまいがちです。そして入社すぐにこき使われるわけですから、そんなに教育をしてもらえず、実力を蓄えているヒマもあまりありません。

そしてハッと気づくと、より若い後輩たちに仕事がいくようになり、自分の出演はだんだん減ってきている……という、厳しい言い方をすれば**「入社直後がいちばんの旬で、経験はさほど重視されない」**状況になりつつあります。

女性たちが男性と変わらず働けて、男女平等に活躍できるように、ということが重要な課題となっているいまの日本で、なんとも時代錯誤な話ですよね。これでは女性アナたちがイヤになって辞めていくのも無理はありません。

ということで、氷河期を迎えている男性アナとはまた違う事情ではありますが、女性アナたちもやはり辞めたくなってしまうのが現状なのです。

もう二度と「カトパン」は現れない……
誰も「スター女子アナ」になりたくないのは
「地味女子アナ」のほうがいい暮らしができるから

私たちはつい「次のカトパンは誰だろう？」と考えてしまいます。「次世代のスター女子アナはいったい誰なのか？」と期待するのです。しかし残念ながら、**もうスター女子アナの時代は終わりました。**

スター女子アナの時代が終わり、「地味女子アナの時代」が始まったのです。

スター女子アナと聞いてあなたが思い浮かべる現役の女子アナは誰ですか？　局に所属するアナウンサーで名前が挙がるのは、せいぜい日本テレビの水卜《みうら》麻美《あさみ》アナとテレビ朝日の弘中《ひろなか》綾香《あやか》アナ、フジテレビの三田友梨佳アナくらいではないでしょうか。

あとの人は局に所属していない、つまり厳密な意味では「タレントさん」かも。たとえば、新井《あらい》恵理那《えりな》さんはセント・フォース所属のタレントです。これからは、事務所に所属するタレントがこれまでの「スター女子アナの役割」をこなすほうが、都合がいいのです。局にとっても、本人にとっても。

なぜ局にとってスター女子アナよりタレントがいいのでしょうか？　それは「働き方改革」の問題があるからです。

かつてはテレビ局にとってスター女子アナは、とてもありがたい存在でした。独占出演してくれて、朝から晩までガンガン働いてもらえる、「視聴率が見込めるお得なサブスクタレント」でしたが、「働き方改革」で大きく事情は変わりました。

じゅうぶんな休みを与えなければ問題になりますから、昔のように長時間働かせるのはアウトです。朝や深夜などの帯番組にレギュラー出演させると、どうしても生活リズムが狂い、体調やメンタルを壊してしまうアナウンサーが出てきます。しかし、そうなれば「ブラック企業だ」と非難を浴びる可能性があります。また、みんなキレイで若いので、恋愛スキャンダルを起こすリスクも考えておかねばなりません。

企業コンプライアンス的な観点から考えると、スター女子アナはなかなかリスキーな存在になってきたのです。

他方、新井恵理那さんのような外部タレントの場合はどうでしょうか。出演料は多少高くついたとしても、体調やメンタルの管理は〝事務所の責任〟です。原則、放送局が気にする必要はありません。そういう意味では、外注したほうがいろいろなリスク管理を外部に任せることができるので、局も助かります。

そして、女子アナ本人にも「スター女子アナ」になるメリットはほとんどありません。これも理由は簡単です。女子アナはテレビ局という有名企業に勤めるサラリーマンですから、「スター女子アナとして朝から晩まで身を粉にして働く」のも、「フツーの女子アナとしてボチボチ働く」のも、お給料はほとんど変わらないです。

スター女子アナになってしまえば、プライベートな時間はいっさいなくなり、学生時代の友だちとの楽しい時間などは夢のまた夢に。しかも、芸能人と同じレベルでマスコミにも注目されますから、気を抜くことも許されません。ほぼ同じ給料でなぜわざわざ〝イバラの道〟を行かなければならないのか？　と女子アナのみなさんは考えます。

地味女子アナのほうがワークライフバランスがいいのです。堅実に仕事をこなしていけば、一般企業と比べて破格にいい給料がもらえて、時間も恋愛もしばられずＯＫ。そのうちアナウンススキルも上がりますし、職業人としての満足度も高い。有名女子アナになって重い「スターの看板」を背負う必然性は、なに1つありませんよね。

「それでも人気者になってガンガン活躍したい」と思うような人は、最近でははじめから局ではなくてセント・フォースのような事務所に入ります。そのほうがどの局にも出演できますし、マネージャーを付けてくれて、世話を焼いてもらえます。こうなると、「なぜわざわざ局に？」と考えると、あまり旨味はないのです。

ということで、「地味女子アナの時代」が到来しました。それは、「タレント性はタレントに求め、会社員であるアナウンサーは会社員として地道に働く」という、本来あるべき当たり前の姿に戻ったということかもしれません。

バブル時代が生んだ「スター女子アナという昭和の遺物」が、令和のいま、「持続可能」で堅実な在り方に戻ったと考えれば、そんなに嘆くべきことではないとも思います。

アナウンサー

最近NHKの女子アナばかり人気が出るのは、NHKにしか「活躍の場所がない」のと、労働環境がダントツでいいから

最近注目を集めることが多いのが「NHKの女子アナ」たちです。かつては民放に比べて地味な印象が強かったNHKのアナウンサーですが、時代は変わったようです。なぜいま、NHKの女子アナだけが人気者になれるのでしょうか？　それにはちゃんと理由があります。

まず最初に挙げられるのが、NHK特有の「内製主義」です。NHKは従業員数およそ1万人という巨大組織で、**番組をつくるスタッフもアナウンサーもできるだけ「自前で」という「内製主義の文化」**が根強いのです。民放では、外部の制作会社のスタッフが大部分で、キャストにもタレントをどんどん起用しているのとは対照的です。

たとえば、民放がもし『ブラタモリ』をつくったら、タモリさんのパートナーをきっと局アナにはやらせないだろうと思います。タモリさんと言えば芸能界きっての大御所。民

放のプロデューサーなら、その「街ブラのお相手役」に局アナを使うという発想はたぶんありません。タモリさんにいろいろ配慮して、視聴率のことも考えれば、きっと〝いま旬〟の女性タレントを起用するはずです。

そこを「あえて局アナで」と考えるのは「できるだけ自前のアナウンサーを使いたい」というNHKの体質があるからでしょう。そして、「タモリさんの相方」という恵まれたポジションを与えられて、NHKの女子アナたちは知名度も実力もアップさせる絶好の機会を得ているのです。

かつて「女子アナ志望」の学生たちのあいだでは、NHKは就職先として不人気でした。NHKには、北は北海道から南は沖縄まで、全国各地に50以上もの放送局があるので、就職したらどこに飛ばされるかわかりません。

しかもNHKには「波」の数もたくさんあります。民放ならせいぜい地上波1波とBS、あとはラジオがあるくらいですが、NHKには総合、教育、BS、ラジオ、国際放送などいくつものチャンネルがあるので、「総合テレビの有名番組」に起用されるアナウンサーはほんのひと握り。「頭角をあらわすのが難しい」という理由で、NHKのアナウンサーの人気は比較的低かったんです。

しかしこの**「放送局と波の多さ」が最近では逆に大きなメリットに**なってきています。

まずＮＨＫも合理化が進む中で、地方の小さな放送局のアナウンサーは「契約社員」に任せることが多くなりました。昔と違っていまは、正社員であれば「日本の果ての小さな局」に飛ばされることは少なくなり、地方の中でも制作番組数の多い「拠点放送局」で修業すれば済むような状況に変わってきました。

こうして若いうちから、地方で比較的大きめの番組を担当して実力をつけることもできます。そして、「波」の数、つまり、チャンネル数が多いイコール番組数も多いわけで、民放より活躍の場にも恵まれていて経験を積みやすいという、プラスの面が注目を集めるようになりました。

ＮＨＫは公共放送なので、民放に比べて働き方改革や労務管理、ワークライフバランスへの配慮がかなりしっかりしていて働きやすく、さらに、**スキャンダルからもちゃんと守ってくれる「仕組み」**があります。

たとえば番組収録終了後などに行われる「打ち上げ」や、局幹部を交えた接待の場など、女子アナにとってはスキャンダルの発生しやすい場所にもあまり行かずに済みます。

ＮＨＫの職員は「準公務員」のような面があるため、**「バレメシとワリカン」という絶対的ルール**があり、打ち上げは行わず、「バレメシ」（仕事が終わったら解散し、各自で食事を取ること）が原則です。

公共放送ですから食事をしたとしてもワリカンにしなければなりませんし、飲食代の上限も厳密に決められています。

こうした「公務員的ガードの固さ」が、飲食の場における女子アナへの〝悪の接近〟を防いでいます。こうしてＮＨＫの人気女子アナたちは、スキャンダルから強力にガードされているわけです。


よく「不況になると公務員が強い」と言われますが、まさにそれと似たような事態が放送業界でも起きているのです。「公共放送」という堅固な鎧《よろい》に大切に守られ、**ＮＨＫの女子アナたちはいまや「放送業界のベストポジション」に座って、**民放よりも自由に活躍することができているのです。

ディレクター・AD

いま現場でいちばん大切にされているのは「AD」。働き方改革で「ツラいこと」がディレクターに集中

かつてテレビ業界で「ツラい仕事」と言えば間違いなくADさんでした。とにかくディレクターの〝使いっ走り〟として、家に帰ることもできず寝る時間もなくこき使われる「ブラックな仕事の代表格」として世間的にも知られていると思います。

たしかに私たちが新人だった頃には、メチャクチャなディレクターが多くて、パワハラっぽいことを言ったり、場合によっては暴力を振るう人がいたりしたものです。それでも「苦しいAD時代を耐え抜けば、いつかディレクターとして好きにやれる」と信じてがんばる！　という感じでした。

それでも、あまりのツラさに耐えきれず「飛ぶ」ADさんはしょっちゅういました。テレビ業界では、スタッフが逃亡することを「飛ぶ」というのですが、**ロケで使用する大根に「探さないでください」という字を彫って飛んだADさん**がいて、「彼がした仕事の中でいちばん面白かったのは大根だったよね」と語り合ったという逸話もあります。

ところがいまや状況はまったく変わりました。現場でもっとも大切にされているのはＡＤです。なぜなら、なり手がまったくいないから。辞められてしまうと非常に困るからです。ＡＤを探すのはいま、ビックリするほど本当に大変です。

いくつか要因はあると思います。その１つはよく言われるように、「若者たちのテレビ離れ」にもあると思います。いまの若い人はたしかにあまりテレビを見ていませんから、「憧れのテレビ業界で働けるなら、少し大変でもガマンしよう」とかいう気持ちはいっさいありません。あくまで冷静に「条件」で仕事を選べば、ＡＤになろうとはなかなか思わないのが当然です。条件はそんなに良くありませんから。

それと、私が**「ＡＤ不足の最大の要因だろう」と考えているのは「ＡＤ専門の派遣会社ができたこと」**です。人件費を削減するためには制作会社の若手をＡＤにするより、派遣会社からＡＤを雇ったほうが安いということで、ある時期を境に「派遣ＡＤ」が増えました。

「安い」のはいいかもしれませんが、派遣会社のＡＤの立場となって考えてみると、この制度は残酷なものです。いくらがんばって働いても、派遣されている以上はディレクターになる道は閉ざされています。会社を辞めて制作会社に入り直さない限り一生ＡＤです。

ディレクターの側から見ても、「いつかディレクターになる、自分の後輩だ」と思えばいろいろ指導もするでしょうが、「どうせ派遣で来ていて、そのうち辞めるだろう」と思えばあまりちゃんと教える気にはならないでしょう。そうするとADさんも、やっていてつまらないし未来への希望もない。だから辞めてしまうという悪循環です。

それに加えて、「働き方改革」でADさんにあまり仕事を振れなくなりました。局から「ADさんは早く帰すように」という指導も来ますし、そもそも派遣で来てもらっているので、「契約で決められた時間を守って帰す」のを徹底するようになったのです。派遣ADさんには定時以外に仕事をお願いできないし、そもそもすぐ辞めてしまうので、**経験の少ないADさんが増えて、仕事の能力も低くなっています。**

かといって、仕事の量が減っているわけではなく、予算削減で1人あたりの負担はかえって増えているくらいなので、仕方がないからディレクターや制作会社のプロデューサーがやるしかありません。

さらに、局員も「働き方改革」で働かなくなってきています。チェックをする局のプロデューサーは「休日・夜間は働けません」という状態ですから、「彼らに平日にチェックをしてもらうために」いっそうスケジュールがタイトになります。そうすると現場はいままで以上に忙しくなるのです。そもそも待遇のいい局員に「働き方改革」してもらうために、低賃金で働く現場のスタッフにシワ寄せがくるのは意味がわかりません。

ということで、いま番組制作現場は「ADは働き方改革で働かないし、すぐ辞めてしまう」状況の一方で、「局員も働き方改革で働かない」ので、**すべての負担が「フリーランスが多いディレクター」たちと「制作会社の悲しい中間管理職プロデューサー」にのしかかってきてしまっているのです。**

彼らは働いたからといって残業代が1円も出るわけでもなく、といって働かないと番組の納品期日に間に合わないので、本来ならADがやるような雑用からなにから、すべて自分たちでやるしかないのです。

高齢化が進むディレクターたちにとって、これはなかなか厳しい状況です。若くはありませんからからだもキツい。しかも雑務が多いので、やっていて悲しくなります。「こんな年齢になってまで、なんでADがやるような仕事をやらなければならないのか」という思いで、テレビ業界から身を引いて田舎に帰ってしまう人も少なくありません。

もう誰も特派員になりたくない……
「超ブラック労働」と「浦島太郎化」が不人気の理由

テレビ局の報道関係者の中で、いまたぶん、最高に大変なのが海外の特派員です。コロナ禍の各国の反応、ウクライナ情勢関係の取材、東アジアの近隣諸国との関係悪化……どんどん仕事は増え続けています。そしてなかなか日本にも帰れず、各国が入国などいろいろな規制を強化しているので取材もやりづらいはずで、頭が下がります。

かつて私がこの業界に入った頃には、「特派員」といえば若者たちの憧れの的だったと思います。しかし、その人気はだんだんと低落《ていらく》傾向にあるようです。そして**いまやテレビ局員のあいだでも特派員はあまり人気がなく、**なり手がいなかったりします。やはり特派員の〝超ブラック労働っぷり〟が影響しています。

まず、各局とも予算削減で海外支局をどんどん統廃合してしまったので、カバーするエリアがやたらと広くなりました。

たとえば私が在籍していたテレビ朝日系列の海外支局は現在、ニューヨーク、ワシントン、ロサンゼルス、ロンドン、モスクワ、カイロ、バンコク、北京、上海、ソウル、パリの11都市にあります。

私が入社した1992年から現在までのあいだに「存在していたが廃止になった」テレビ朝日系列の海外支局は、アトランタ、メキシコシティ、台北、香港、マニラ、シンガポール、ハノイ、シドニー、ウラジオストク、プラハ、ベルリン……と、いま私がパッと思い出せるだけでもこれだけあります。

役目を終えたり移転をした支局もあるので一概には言えないと思いますが、**「いかに日本の放送局が経費削減のために海外の取材拠点をリストラしてきたか」**ということがおわかりいただけると思います。

バンコク支局あたりはなにか大きなニュースがあれば、アジア全域・オーストラリア・中東・ヨーロッパにすぐに出動しなければなりませんし、ヘタをすればアフリカくらいまでヘルプに行かなければならない状況です。

支局によっては時差もありますから、現地時間の真夜中に生中継をすることも日常茶飯事です。取材は現地の昼間にやらなければできませんし、出演は真夜中になってしまいますから、大きなニュースが起きたらマジで寝るヒマもありません。アメリカやヨーロッパなどの支局はだいたいこんな感じです。

かと思うと、なにもないときは本当になにもないですから皮肉なものです。**「アイツは会社の金で観光気分で、なにも働いてないから気楽なものだね」と陰口を叩かれます。**

がんばって現地で話題になっていることを取材して東京に送っても、誰にも興味を示されずに、ヘンな時間のストレートニュースで、「ヒマネタ」扱いで適当に短く放送してお茶を濁《にご》されたりもします。

そして、なにより一度赴任《ふにん》してしまったら、3年も4年も帰ってくることができないのです。子どもが少し大きいと、「学校の問題があるから」といって家族はついてきてくれませんから、単身赴任になりがち。

しかも、いちばんの働き盛りに外国に行かされ、帰ってきたら〝浦島太郎状態〟です。同期入社の仲間は、みんな番組で経験を積んだり社内で着実に出世したりしています。それで次第にドロップアウトしてしまう特派員経験者も多くいます。

じつは私もかつては中国特派員を狙っていました。中国語を勉強していましたから。しかし、社費で北京留学もさせてもらいましたが赴任は実現しませんでした。

私は社会部出身でしたけど、北京特派員は各局だいたい政治部出身の人がなるんですよね。北京のいちばん重要な役割は「中国政府の動きをウォッチすること」ですから。

中国全土を取材するのは、むしろ上海支局の役割です。私も上海に行きたかったのですが、じつは上海支局は各系列とも大阪の放送局が受け持っています。なぜか上海も香港も台北も、ヨーロッパでいえばパリも、比較的仕事がラクで面白そうな支局はだいたいほぼ大阪の放送局から特派員が派遣されることになっていて、東京の放送局の人間は絶対に行けません。なぜそうなったのか本当の理由はよくわかりませんが、大阪の放送局は系列の中でも影響力が強いので、「気を遣《つか》われて、いい支局を割り当てられている」のかもしれません。

けっこうヘンな〝しきたり〟がいろいろあるんですよね。なので私は結局、あきらめて特派員希望を出しませんでした。

ちょっとグチっぽくなってしまった感じもありますが、ともかく**テレビの特派員はもう少し報われてもいいかな**、と思います。そうしないと希望者が誰もいなくなってしまいそうなのです。

ログセは「オレたちの時代は良かった」
「逃げ切りを狙うベテラン」がテレビを腐らせる

若者たちのテレビ離れや広告主たちがネット広告に比重を移す中、テレビがいま「曲がり角」を迎えているのは誰の目にもあきらかだと思います。

「オワコン」などと言われて業界の誰もが意気消沈しているわけですから、どう考えてももっとも必要なことは「抜本的な改革」です。テレビ番組の内容も、つくり方も、収益構造も、すべての方面で「待ったなしの改革」をしなければテレビは生き残れません。

こうした改革がいつまで経ってもなぜ進まないのか？　それは、ベテランテレビマンたちが〝逃げ切り〟を計画しているからです。**「もうテレビに未来はないけど、我々はなんとか高収入をキープしたまま定年までいけそうだ」**などと飲みの席で笑いながら話す同世代には、ぶっちゃけ嫌悪感しかありません。たしかに私の世代はギリギリなんとか「古き良きテレビ」の時代を経験していて、海外ロケに行かせてもらったり、いろいろ自由にやらせてもらいました。「お金を使い放題」だったような時代をなんとなく垣間《かいま》見ています。

いまの後輩たちは厳しい環境下でがんばっていますから、かわいそうです。本書に書いたようないろいろな事情で好きに番組をつくることがままならず、待遇はどんどん悪くなり、世間からの風当たりも強くなる一方です。制約の多い中、それでもなんとか工夫をして面白い番組をつくろうとしています。それを我々先輩が応援しなくてどうしますか？

ベテランがいま若者にしていることは、応援するどころかほぼ悪影響となることばかりです。さまざまな業務のムダをなくそうとしても、「オンライン会議はめんどくさい」などとワガママを言って会議室で延々と会議をするし、メッセンジャーツールをはじめとする、自分たちが知らないツールはまったく使おうとしません。

若者目線の企画はいくら提案しても通りません。**「オレたちがテレビをいちばんよくわかっている」と口だけ出すので非常に迷惑です。**セクハラもパワハラも昔のままやり放題の人もまだ多く、職場環境が最悪になるだけではなく、ちょいちょい週刊誌に書かれて会社の評判をどんどん低下させています。

そしてなにより良くないのは、「金銭感覚がおかしい」こと。ちょっと前まで、テレビ局でインターネットビジネスやコンテンツのウェブ展開をしようとすると、必ずオッサンたちが「そんなはした金を稼ぐのはテレビ局の仕事じゃない」などと言い始めてじゃまをしました。もうとっくに、テレビ局も制作会社も〝濡れ手で粟《あわ》〟の商売は成り立たない時代になっているのに、小さなビジネスをコツコツやろうとする気持ちがまったくないのです。

こうして働かないしヤル気もないのに、口を開けば「テレビはもうダメだ」などとモチベーションが下がることばかりを大声で言います。しかも給料がムダに高いので、テレビ局の財務体質を悪化させる要因になっています。

テレビ業界は**「働かないベテランを養うために、若者が必死で働くしかない」構造**になってしまっているのです。

一部の「未来を憂《うれ》いて改革をがんばっている」中高年テレビマンを除けば、もはや彼らにできることは「後輩とテレビ業界の未来のためにさっさと引退すること」だけです。

ぜひ各局とも、一刻も早い世代交代を進めるべきです。私の個人的な見解では、現在のアラフォー世代から下くらいのテレビマンはまだ古いテレビ業界の常識にしばられていません。45歳以下が改革意識を失わないうちに、彼らに権限を移譲しないと、テレビは生き残っていけないでしょう。

役員

バブル世代の役員が若い世代の意見を聞かない。「かつての栄光と妄想」がもたらす大きな弊害

そして、「老害」ということで言えば、もっとも困るのがテレビ局の役員たちです。特にどうしようもないのが、一部の放送局に見られる、**一度権力の座に着いたらいつまでたってもその座を譲ろうとしない**「長期独裁政権化してしまっている」トップです。

たしかに彼ら「ワンマン経営者」たちは、かつては優れた功績をあげた優秀なテレビマンでした。その輝かしい仕事が、局の栄華を築いたからこそトップまで昇り詰めたわけですし、人並外れた経営手腕も携えていると思います。

そしてテレビ局は、かつては親会社である新聞社の言いなりでした。新聞社の人事抗争のあげく、「グループのポストの1つ」として、テレビのことなどなにもわからず、興味もないような人物が社長として送り込まれてくる〝植民地〟でした。テレビ局の人間がどれだけ悔しい思いをしたかわかりません。

そんな新聞社が部数低下などで経営不振に陥り、ようやくテレビ局はある程度発言権を

持つことができたわけです。言ってみればその〝独立の英雄〟だった局生え抜きのトップが、いつの間にか「独裁者になっていた」という開発途上国によくあるパターンが、いまのテレビ局にワンマン経営者が登場している背景です。

功績も実力もある人ですから、たしかにいい面もあります。しかし、それを上回る悪い面もあるから困ってしまいます。

彼らはだいたいにおいて、自分の考え方や経営手腕にものすごい自信を持っていて、他人の言うことをまったく聞こうとしません。すぐに強圧的な態度に出たり、どなったり不機嫌になったりするし、少しでも自分と違う考えを持つ幹部がいると失脚させてしまいます。恐ろしいから誰ものを言わなくなり、絶対的に服従することになります。

そして、自分が考える「テレビ論」を局内すべての番組に押し付けてきます。本当にびっくりするくらい「細かい内容」にまで口を挟んでくるのです。**「このニュース番組のキャスターは○○にしろ」**とか、**「この番組のデザインはあのデザイナーに担当させろ」**とか、ありとあらゆることを自分で決めたがるので、現場は考えていることがあっても意見を言うことすらできません。

たとえ自分がプロデューサーを務める番組でも、なにも決定権がないのです。すべてのことは「ワンマントップ」から降ってきます。そして〝お上〟のおおせのとおり番組を制作しますが、成績が不調であれば自分が責任を取らされるわけですから、ヤル気を失ってしまいますよね。そうやって局内は「様子見の人ばかり」になってしまいます。

こうして、自由にクリエイティビティを発揮することは難しくなります。**「どうせ自分の考えなど受け入れられない」と思うから、優秀な人物は局を辞めていきます。**せっかく入った若者もすぐに会社を見限って転職していくことになります。「イエスマン」ばかりが局内で育っていきますから、いざトップのワンマンが辞めようと思っても後継者が育っていない状況に陥っています。

そもそもは優秀な人なのですから、いいかげん自分の「引き際」に気づいてほしいと思います。「局内に頼り甲斐《がい》のある後継者がいないから、まだまだオレががんばらないといけない」と思っているのかもしれませんが、それはズバリ、間違いです。

「あなたが身を引けばみんながんばるから、ダイジョウブですよ」と誰か言ってあげてほしいものです。一刻も早い世代交代が、マジで必要なんです。

テレビを見ない若者がそれでもテレビ業界を志望するのは「まだウェブ動画の業界より待遇がいいから」

若者のテレビ離れが言われてずいぶんになりますが、ではテレビ業界に就職したい若者がいないかというとそんなことはありません。私は大学その他で教員や講師をしているので、メディア志望の学生さんたちと接する機会が日常的にありますが、彼らは就職活動においてテレビ局をはじめとするテレビ業界を就職先として重要視しています。

では学生たちはテレビ番組を見ているのか？　というと人によります。そんなにテレビを見ていない、あるいは、**まったく見ていないという人もテレビ業界を志望することが多い**のでおかしな具合ですが、話をよく聞いてみると彼らにもテレビを目指すちゃんとした理由があります。

それはなにか？　というと簡単に言えば「お金」です。テレビがそんなに好きではない学生たちは、テレビ業界の待遇がいいからテレビ業界を狙うのです。

本当なら彼らが就職したいのはテレビ制作会社ではなく、ウェブ動画の制作会社やユーチューバーの事務所だったりします。しかし、まだ現状ではそうしたウェブ動画周りの会社は小さくて不安定なところが多い。

ユーチューブ制作の会社などでインターンをしてみたけれど、みんな死ぬほど忙しそうで、自分は右も左もわからない学生なのにガンガンこき使われた。お給料もどうやらかなり安そうだ。こんなところに就職していいのだろうか……といった相談を学生から受けたことが何回かあります。

そりゃ不安に思いますよね？　まだ残念ながらウェブ動画関連の事務所は待遇が良くないし不安定な場合が多い。それに比べてテレビ制作会社はそこそこ安定している。だったらとりあえずテレビ業界を目指したほうがいいのではないか？　ということです。

しかもテレビ業界なら先輩についてＯＪＴ（オン・ザ・ジョブ・トレーニング＝仕事をしながらスキルを身につけること）で映像制作の仕事を覚えられる。だったらテレビにはそんなに興味はないけれど、とりあえず**まずは〝修業〟のつもりで、スキルが身につくまでテレビ局やテレビ制作会社で働こう！**　というのが学生たちの偽らざる本心だと私は感じています。

ちょっとさびしく思うテレビマンもいるかもしれませんが、これは非常にありがたいことですよね？　テレビの仕事をやってみたら、まあまあ面白くてそのまま業界に残ってくれるかもしれませんし、まったく志望されないよりははるかにいい状況です。

みんな教員にはけっこうホンネを言ってくれるようで、「ホントはテレビを見てないので、どの番組を好きっていうか迷います。オジサンたちに好感度の高い答えはなんでしょう。先生？」とかズバズバ聞いてくる学生もいます。けど、これって一生懸命気を遣って考えてくれてるわけですから、カワイイと思いませんか？


それに、こういう状況だっていつまで続くかわかりません。ウェブ動画の制作環境はどんどん良くなっていくでしょうし、仕事は確実に増え続けるでしょう。となれば、**テレビ制作会社よりウェブ動画制作会社のほうが高待遇になる日も近い**のではないでしょうか？　どうでしょう。逆転まであと5年くらいなのかな？　と思ってしまいます。

そうなれば、本当に若者がテレビ業界にそっぽを向くかもしれません。それまでに彼らをつなぎ止めるような魅力的なテレビ業界にしなければ、ですよね。

4 周辺の実情

スポンサー
芸能事務所
制作会社
社風
テーマ曲

「ポルシェ」や「フェラーリ」が事故を起こすとニュースになっても、国産車の名前だと明かされないのはスポンサーへの忖度

「ポルシェが事故を起こした」とか「フェラーリが高速道路で炎上した」とか、そういう高級外車の事故のニュースをみなさんもご覧になったことがありますよね。「そういえば高級外車のメーカー名をこういうニュースで聞くことはあるが、国産車のメーカー名は聞かないな。なんでだろう？」と思う人もいるのではないでしょうか。

もちろん、国産車が事故を起こさないわけではありません。高級外車の事故が特に多いわけでもないでしょう。ではなぜ外車ばかり？　もちろん理由があります。

通常の「車の事故」のニュースを思い出してみてください。たとえば「コンビニにお年寄りが運転する車が突っ込んだ」などというニュースはよくテレビで見ますよね。

そう、「コンビニに車が突っ込んだ」なのです。「コンビニに○○社製の○○が突っ込んだ」と**具体的な車種名やメーカー名が言われることはまずありません。**

車に限らず、ニュースでメーカーの名前や商品名をわざわざ言うには〝それなりの理

由〟が必要です。たとえば「ある商品が原因となって、事件・事故が起きている疑いがある」とか、「車に欠陥があって暴走して事故につながった」とか、「暖房器具に構造上の問題があって火災が発生した」などの場合には、メーカー名や商品名を報道する意味があります。

ではなぜ高級外車の名前はテレビで連呼される必要があるのでしょうか？

テレビのニュースデスク的に解説すると、理由は大きく2つあります。

1つ目の理由は「高級外車の事故」は関心を惹《ひ》きやすい、ということです。テレビ業界ではよく、麻雀用語を使って「イーファン付く」などと言いますが、通常の車の事故よりも高級外車の事故は「なぜそんな高級外車が事故に？」とか「どんな人が乗っていたんだろう？」など、**高級外車が持つステータスやセレブなイメージから、下世話な興味関心を惹きやすい**のです。

そして2つ目の理由は、社内から文句を言われにくいだろう、ということです。たとえば事故を起こしたのが国産車だったら、メーカー名をわざわざ出したら「編成や営業から怒られるかもしれないな」とニュースデスクは考えてしまいます。

国産車メーカーはテレビ局にとって、CMをたくさん流してくれるお得意様、いわゆる〝大スポンサー様〟です。たとえその事故が「高級国産車の事故で、メーカー名を出せば関心が高いだろうな」と思っても、**名前を出せば営業や編成がすっ飛んできて**「なぜわざわざその名前を出すんだ！　理由はあるのか？」と文句をつけてくるだろうと容易に想像できるのです。

しかし、高級外車であれば、テレビCMを出していることはそんなに多くありませんから、名前を出しても平気だろう、という考えが無意識のうちに働くのです。

誤解のないように書いておくと、ニュース番組には「スポンサーからの直接の介入」というのはまずありません。

これがバラエティ番組やドラマ番組であれば、たとえばA社の1社提供番組に競合他社であるB社の商品が映っていたり、B社のCMに出ているタレントが出演したりすることは許されませんが、ニュース番組では、そうしたスポンサーによる介入でニュースの信頼性が失われないようにと、ルールが決められているのが一般的です。

たとえば、あるニュース番組が、番組スポンサーのネガティブなニュースを放送する場合には、事前にプロデューサーから編成に通告することになります。

そして、通告を受けた編成は営業と協議してスポンサーに話をして、**「その日だけスポンサーを降りてもらう」**とか**「その日のCMだけACジャパンの公共広告に差し替える」**などの対応をとる場合がよくあるのです。

そうすることによって、ニュースに不当な圧力がかかりにくくなりますし、公正中立に制作されているということを視聴者に示すことにもなります。それがひいてはスポンサーの企業イメージを守ることになると考えられています。

ですから、仕組みとしてはちゃんと「スポンサーへのヘンな忖度」がされないようになっています。しかし実際には、「国産車の名前は報道されないが、高級外車だけ事故を起こすと名前が連呼される」といったおかしなことがしばしば起こります。でも本当はこんなことが許されていいわけはありません。

これは、ニュースをつくるテレビマンたちの心の中にある「過剰な配慮」と「下世話な好奇心」の問題なのです。いくら仕組みを作っても、運用する人がきちんとしないとやはりダメなのだ、ということですよね。

テレビのギャラが安い理由は「広告ゲットのための特別価格」。NHKには驚きの「独自激安ギャラ価格表」が存在する

じつはタレントのテレビのギャラは「安く設定されている特別価格」なのを知っている方は少ないと思います。たとえばタレントさんをイベントに呼んだり、講演をしてもらったりという、いわゆる「営業」のギャラと比べると、テレビの出演料はずいぶん安めに設定されているのです。

それはなぜ？　というと、簡単に言えば「テレビに出るのは、それで知名度やタレントとしてのランクを上げて、広告に使ってもらうための宣伝だから」です。少し安めの価格でテレビに出演しても、その結果として企業のCMなどに使ってもらえば多額のお金が稼げるので、タレント側としては大きな利益となるのです。

ではどのくらい「広告とテレビのギャラは違うのか」というと、これは数倍～数十倍以上の大きな差があります。**テレビのギャラが1本数十万円の人が数百万円単位のお金でコ**

マーシャルに出ていることはザラです。ＣＭのことはそれほどくわしいわけではありませんが、契約内容次第によって大きく変わってくる感じだと思います。

ここで気をつけなければならないのは「企業がやっているユーチューブ」などへの出演のケースです。若干グレーゾーンですが、原則的にはだいたい「広告扱い」になるのでテレビ出演よりも高いギャラになるケースが多いです。

いまのところユーチューブなどのウェブコンテンツに関しては、事務所ごとに考え方が大きく違うようです。シビアに高額を要求してくる大手事務所さんがある一方で、かなりリーズナブルな価格でも喜んで出演ＯＫになる事務所さんもあります。事務所によってウェブコンテンツをどのくらい重視するかが違っているからです。

ではテレビのギャラ相場はどうやって決まっているのか？　というと〝需要と供給〟という感じでしょうか。基本的には、番組ごとに局や制作会社が事務所とギャラを交渉するのですが、同じ局であまりにも価格がバラバラだとおかしな感じになってしまいますので、**局の契約担当の部署が「相場」を管理していて教えてくれる**ケースが多いです。

プロデューサーが電話で契約担当に問い合わせると、「過去に似たような番組で○○万円を払っています」などと、支払い実績を教えてくれます。

ですからそれを参考に事務所と交渉するわけですが、その支払い実績に正確に合わせるという決まりではないので、諸事情を考慮《こうりょ》して総合的に決めています。

たとえば、そのプロデューサーと事務所のマネージャーの関係性とか、番組でたくさんその事務所のタレントを起用しているかとか、その事務所の制作部門が制作スタッフとして関わっているかどうか、などによって価格が上下します。このあたりはけっこうウェットな、昭和のままの謎の関係性が残っている感じです。


さらに謎なのは、NHKの出演料です。じつは同じタレントでも、民放に出演するときとNHKに出演するときとではギャラの水準が大きく違います。これは業界内では「NHK価格」と呼ばれていて〝公然の秘密〟になっています。

「NHK価格」はびっくりするような激安価格です。**公には存在しないことになっている「価格表」が、じつはNHK内部には存在していて、**外部には見せてはいけないということになってはいますが、だいたいNHKのプロデューサーが内緒で制作会社の人間に見せているので、その存在は業界内では知れわたっています。

その「価格表」に書かれている金額は、ちょっと目を疑うようなものです。相場は民放の10分の1程度の場合もあって、たとえば民放なら出演料1本30万円とかのレベルの人気者が、1万~2万円の「これはお車代ですか?」と思うような、衝撃の安さに設定されていることもあるのです。

どうしてこうなるかというと、「公共放送だからみなさまの受信料をムダにできない」という理由のようです。そしてどうやら独自の「NHKへの貢献度」を元にギャラが設定されているようで、たとえば今年ブレイクして引っ張りだこのお笑い芸人でも最低ランクだったり、逆に誰も知らないようなシブい伝統芸能の人や演歌歌手なんかがそこそこ高く設定されていたりします。

そしてNHKの番組には、NHK自体が制作するものと、外注された制作会社がつくるものとがありますが、「NHK価格」が適用されるのはNHK自体が制作するものだけです。

制作会社がつくる番組には、タレントはそんなに安いギャラでは出演してくれません。とはいえNHKからは「NHK価格分」しかギャラは支払われないので、暗黙の了解で制作会社が制作費の中から上乗せしてギャラを支払うことになっています。
その相場はだいたい民放のギャラの6～7割くらい。「この番組はNHKさんなので、このくらいで勘弁してください」と、制作会社が頭を下げて事務所にお願いします。

ではなぜそんなに安いギャラでもタレント側は出演を了承するのか？　というと、やはり「NHKの番組に出るのは名誉」といった風潮が芸能界にあるからです。「大河や朝ドラや紅白に出るとハクが付く」というのは間違いのないところですね。

マネージャーが民放や広告クライアントに営業するときに「NHKに出ました！」というのがウリになります。あと、NHKは日本全国で見られていたり、海外でも見られたりするという付加価値も大きいです。**「ギャラ＋付加価値」で総合的に考えて、安いギャラでもタレントの出演をOKしている**事務所が多いのだと思います。

このようにタレントのギャラ相場はなかなか奥が深いので、交渉はかなり難しいです。
ですから「キャスティング担当」と呼ばれる担当者が局や制作会社には存在していて、「ギャラの交渉と出演交渉だけで食べていける」専門職になっています。

制作会社

局員VS制作会社&フリーランスの悲惨な「倍以上の待遇格差」。すでに制作会社はテレビ番組から「それ以外の映像」にシフト

テレビで最近よく「格差社会」とか「非正規雇用の悲哀」とかいう言葉を見かけると思います。しかし、なんとも**皮肉な話ですが、ぶっちゃけテレビ業界自体が典型的な「格差社会」**ですし、「非正規雇用の悲哀」が当たり前のように存在しています。

私はテレビ局出身で、現在はフリーランスとして働き、制作会社のプロデューサーも兼任しています。ですからすべての当事者を経験しているので、非常によくわかります。

みなさんもよく耳にされると思いますが、テレビ局員の給料は世間一般に比べてとても高いです。基本給が高いこともありますが、残業代がきっちり支払われて、ボーナスが相当高いので、年収が相当良くなっているという構図です。

現在はテレビ業界も斜陽なので少しずつ給与水準も下がってきていますが、かつては残業は「青天井」、つまり無制限に支給される会社が多かったはずですし、ボーナスも「あ

まりに金額が多いので、世間体《せけんてい》を気にして年に3～4回支給する」という会社が普通にありました。30歳になる前に年収1000万円を超えることは珍しくありません。

残業代の比率の違いで、制作現場と事務系の給与格差は大きく、**現場から非現場に異動になるとガクンと給料が下がります。**それで困っている同僚を何人も見てきました。

そこで、制作現場に「裁量労働制」を採用する会社が増えたのですが、裁量労働とはいえ休日や深夜の残業代は支払われたりするので、やはり現場の給料は高かったのです。

また、給料以外に、経費がたくさん使えるのがテレビ局員のメリットでした。

かつては飲み食いはほぼ無制限に経費で落とせるような感じでしたし、タクシーも乗り放題に近かったです。海外出張は、平社員でも正規料金でビジネスクラスを使うことになっていた時代もありました。

現在では、さすがにこうした面では厳しくなってきていますが、それでも局員たちは「働き方改革」の恩恵を受けていますし、給料も待遇もかなり高水準です。特にNHKは、タダみたいな低価格の住宅に住めたり、各種手当が充実していたり、給料の額面だけだと民放より低く見えるものの、実際にはかなりの高待遇です。

それに比べて制作会社のスタッフやフリーランスは、相当厳しい状況です。年収はテレビ局の半分あればいいほうで、局員の3分の1くらいで働いている人も多いです。

テレビ局の資本が入っている制作会社の正社員は、それでもかなり高給取りで労働組合もある場合がありますが、現在では、非正規社員や派遣で安い労働力を入れてなんとか経営を成り立たせているのが実情です。

普通の制作会社には労働組合などはなく、労務管理もいい加減で、セクハラ・パワハラの相談窓口も整備されていないので、被害にあっても泣き寝入りするケースがかなりあるというのが実感です。

ましてやフリーランスになると、労務管理はいっさいされませんから、過労死ではないか？　というような状況で若くして亡くなったり、メンタルや体調を崩す人も多いです。そしてある程度の年齢になると仕事が極端になくなり、引退を余儀なくされます。

このように、局員を頂点とした極端なピラミッド構造となっています。局員以外はこんなに厳しい状況なのに**「局員の待遇改善のために局の労働組合がストライキをして、そのしわ寄せが制作会社やフリーのスタッフに来る」**という状況になっていて、私は以前から納得がいきませんでした。「同一労働同一賃金」などは夢のまた夢なのがテレビ業界なのに、なぜテレビニュースではエラそうに他の業界のことを非難できるのでしょうか？

そして、番組制作の受注・発注関係でもこうしたピラミッド構造が深刻な悪影響を与えています。放送局は免許事業で、特権的な地位を持っています。一方、制作会社はゴマンとありますから、番組制作業務を受注しようと必死です。そのため、利益が出ないとか、受注すると赤字になってしまうような不利な条件でも仕事を引き受けてしまいます。

これをいいことに、テレビ局は２００８年のリーマンショックをきっかけに**大きく下げた番組制作費を、10年以上も上げることなく低価格に据え置き、**しかもコロナなどを口実にいっそう制作費を削減しています。たしかに売り上げも下がってきているのでしょうが、その帳尻合わせの大部分を制作会社に押し付けているとしか思えません。

しかも、相変わらず局員たちの中には制作会社に対してエラそうな態度をとる人がかなりいます。局プロデューサーが、言いがかりに近いような一方的な理由で何度もやり直しを命じたり、あきらかに番組予算ではまかないきれないような業務を命じたりする話もよく聞きます。これは非常にアンフェアです。

あるとき気心の知れた制作会社のプロデューサーにこう言われたことがあります。「テレビ局の仕事をしても、文句をつけられるだけで誰も喜んでくれない。利益もほとんど上がらない。やりがいがまったく感じられないんです。それに比べてインターネット動画の仕事や企業動画の制作は、工夫すればしただけ『こんなに素晴らしいものをつくってくれてありがとうございます』と感謝される。やり直しもそんなに命じられないから利益も上がる。テレビの仕事は正直言って、もうあまりやりたくないんです」

私はこれが大部分の制作会社の人たちの偽らざる心境ではないかと思います。実際に、テレビからそれ以外の動画制作に軸足を移す制作会社も増えてきています。

テレビ業界の改革論議はいつもテレビ局員が主導して、「これからのテレビ局をどうするか」ということばかりが話し合われがちです。しかし、**制作会社の立場に立ったりフリーランスのスタッフのことを考えたりした議論はほぼ見受けられません。**

でもこのままでは将来、「テレビはもうつくりません」と、優秀な制作会社やスタッフたちからテレビ局が見捨てられることになってしまうと心配しています。

テレビマンに人気なのが日本テレビで不人気なのがフジテレビ。その理由は「仕事のしやすさ」にあった

テレビ業界関係者自身がテレビ局のことをどのように評価しているか、については、みなさん意外とご存知ないと思います。以前に私が、**周囲のテレビマン30人にアンケートを**したことがありますので、その結果を紹介しますと……。

［スゴイと思うテレビ局］
1位：NHK（10票）　2位：日本テレビ（5票）　3位：テレビ東京（4票）

［ダメだと思うテレビ局］
1位：フジテレビ（12票）　2位：NHK（9票）　3位：テレビ朝日、TBS（ともに4票）

NHKは賛否両方の意見で票を集めましたが、「スゴイ」は日本テレビ、「ダメだ」はフジテレビが上位に入りました。この結果はなんとなくテレビマンなら誰でも「うんうん」

とうなずけるものではないかと思います。
それぞれ「その局に投票した理由」を聞いてみると、こうでした。

［スゴイ1位］ＮＨＫは**「番組予算の豊富さ」と「番組のクオリティ」**

「理屈さえ通っていれば、いまいちばん自由に、お金もかけて番組をつくれる」「これだけ時間と金をかけてできるのはＮＨＫだけ」など番組制作予算が豊富なことと、「つくるものはクリエイティブだし、ある意味チャレンジャー」「こんなマニアックなモノまで、という感じで幅広く楽しいコンテンツをつくっている」など番組のクオリティの高さや、自由で斬新な番組が多い点が評価を集めました。
また、「女性比率が高い（管理職も）。女性の出入り業者にとってこれほど働きやすい現場はない」「コロナウイルスによるパンデミック発生で、報道姿勢そのものに歴然とした力の差を見せつけられた」などの意見もありました。

［スゴイ2位］日本テレビは**「しっかりしている」「仕事がしやすい」**

「バラエティから報道まで幅広く、視聴者の見たい希望に合致している」「マーケティングがしっかりしていて、合理的な番組制作をしている」「会社の利益へのビジョンに対して、コンテンツ制作側がしっかり協力」など、番組制作に明確な見通しを持っている点と、「ちゃんとしている。仕事がしやすい」「コンプライアンスチェックがスゴイ！　チェックは厳しいが、それを制作に裏取りさせないのは助かる」などと、制作会社への仕事の発注もしっかりとしていて仕事がしやすいことが評価を集めました。

［スゴイ3位］テレビ東京は**「ブレない独自路線」と「話題性」**

「限られた予算の中、企画で勝負し、話題を生み出す力がある」「（業績が振るわず）『振り向けばテレビ東京』と言われていたのに、躍進ぶりは素晴らしい」「あまりにブレなさすぎ」など、ブレない独自路線で話題性を集めている点が評価されました。さらに「局員が威張《いば》ってない率がダントツに高いのがテレ東。ほんとうに風通しがいいです」と局員の制作会社に対しての姿勢が〝上から〟ではない点も評価されています。

［ダメ1位］フジテレビは**「番組の質低下」**と**「局員の態度」**

「オリジナルを感じさせない企画、〝置きにいった〟ドラマが増えた印象。見え隠れする大人の事情。楽しくなければテレビじゃないのです」「番組編成の迷走状態が続いているように思える」「お金のかけ方が違うんじゃないかと思う番組が多い」「さびしいくらい見たいものが少なくなった」などと番組の質の低下を心配する人が多いです。さらに「バラエティの会議などはいまも声の大きいジャイアンがいる」「局員が横柄《おうへい》な感じでモノを言ってくる傾向があると思う」「とにかく会議が長い。ゴマをする作家を集め、総合演出に任せっきり。局員はなにも背負わない」「新入社員の入社式に親が参加して親同士があいさつすることが普通だと考えている感覚がおかしい」などと、局員の姿勢や社風の問題点を挙げて、いっしょに仕事がしにくいことをイヤがられているようです。

［ダメ2位］ＮＨＫは**「仕事のしにくさ」**と**「報道姿勢への疑問」**

「企画書どおりの内容でないとなかなかＯＫが出ない。専門家のコメントも、打ち合わせと同じじゃないといけない」「書類の提出、ＶＴＲの直しなど要求が細かすぎて、制作者を疲弊《ひへい》させる」「独自ルールが多すぎてめんどくさい、エリート意識が高い」など、局の制作体制や社風の悪さを指摘する声がけっこうありました。

また、「ＮＨＫがまじめに政治権力のチェックに乗り出せば、相当面白いと思うのにそれができていない」「国会の報道のやり方などあまりに政府にビビりすぎでは」など報道姿勢に対する不満や、「数字狙いがミエミエな番組が増えて〝大人な〟番組が減るばかり」「子供向け番組などでむやみに大物タレントを起用、有名アーティストに楽曲制作依頼をしている印象」「まったく浮世離れしていて、世間の流行にうとい」など番組制作方針への疑問の声も上がっています。

［ダメ３位］テレビ朝日は**「冒険しない」「方針がおかしい」**

「他局よりも先駆けようとしていながら、同じタレントしか使えない」「現場での判断は横を気にすることが常」などと、他局の動向を気にしすぎで冒険しない社風を指摘する声と、「テレビ朝日だけは旧来の世帯視聴率に固執し、世の動きを完全に見失っていた」「報道の凋落《ちょうらく》っぷりがヒドい」など局の経営方針への疑問の声が多かったです。

［ダメ3位］ＴＢＳは**「雰囲気が最悪」**

「局員がいつも外部を小バカにしているというか、見下している感が否めない。いままで言うパワハラに近いことをしていた局員もたくさん知っている」「制作会社や関連会社に仕事を与えてやってるという感じが垣間見える」「昔もいまも、ＴＢＳの人に会うと会社のグチや不満の話がかなりシリアスで、風通しが悪いのかなと思う」などと、局員たちの態度や職場の雰囲気が悪いことを指摘する声が非常に多かったです。

以上、「テレビ業界内部での各テレビ局の評判」いかがでしたか？　みなさんのお考えと共通する部分はありましたでしょうか？　特に、これから**テレビ局に就職しようと考えている学生さん**には、参考にしてもらいたいと思います。

テーマ曲

番組のテーマ曲決定に絡む「オトナの事情」のややこしさ。プロデューサーも好きには決められない

みなさん、番組のテーマ曲で印象に残っているものはありますか？　私はテレビマンとして、番組タイトルと並んでテーマ曲は大切だと、いつも考えています。なぜなら人は音を印象的に覚えますし、毎回くり返して聴くことになるテーマ曲が番組を覚えてもらううえではとても重要な要素だと思うからです。たとえば『キユーピー3分クッキング』といえば誰もが〝あの曲〟を思い出しますし、〝あの曲〟を聴けば（「おもちゃの兵隊のマーチ」という曲らしいです）料理番組！　という感じがしますよね。

しかし、じつは番組のテーマ曲選びには、まあまあ複雑な「オトナの事情」があります。**プロデューサーですら、そんなに自由に好きな曲に決めることができません。**いろいろなしがらみがあって、ビジネスになっていますからね。

かつてはそんなことはなかったようで、『キユーピー3分クッキング』のテーマ曲は、番組開始当初の日本テレビの女性スタッフが、交際中の男性に「どんな曲がいい？」と相

談したら候補に上がったのが「おもちゃの兵隊のマーチ」だった、というのであの曲になったようです。ただそれは大昔（１９６２年からやってますからね、あの番組）だからこそそんなに自由かつ牧歌的に選べたわけですよ。そのほうが結果としてあんなにしっくりくる名テーマ曲になるわけですけどね。

ではその「オトナの事情」ってなにか？　というと「音楽出版社」です。**各放送局は、自局の子会社の音楽出版社を持っています。**たとえばテレビ朝日なら「テレビ朝日ミュージック」、フジテレビであれば「フジパシフィックミュージック」という音楽出版の会社があります。ではその音楽出版社は何をやっているかというと説明が難しいのですが、ＪＡＳＲＡＣ（日本音楽著作権協会）のサイトにはこう書かれています。

「作詞家・作曲家（作家）は、音楽出版社と契約して、つくった作品がＣＤやテレビで使われるように、プロモート（売り込み）をしてもらいます。

この契約で、音楽出版社は作家から著作権をゆずりうけ、「著作権者」となります。

音楽出版社は、著作権を譲りうける代わりに作家のつくった曲が色々なところで使われるようにレコード会社、テレビ局などへのプロモートを行い、音楽が使われたときに発生した使用料を作家と分け合います。」

つまり、音楽出版社とは、音楽の「売り込み」をする代わりに、作詞家・作曲家から著作権を譲り受け、局の使用料が発生したら一定の手数料を持っていくビジネスを行う会社です。

そしてテレビ番組の主題歌にするためには、**各局の子会社である音楽出版社に著作権を譲渡しなければならない**、というのがほぼ各局でルールとして決まっているのです。

通常1つの曲には数社の音楽出版社が入っている場合が多いのですが、その中にテレビ局の子会社を加えないと番組テーマ曲には選ばれません。

音楽出版社が所有する著作権を「出版権」といいますが、「出版権の○%を渡さないとテーマ曲にはしない」とか、テレビ局の子会社の音楽出版社がアーティストサイドと条件交渉を始めると、もめたりしてなんやかんや話がややこしくなる場合があるのです。

まあ「テレビに使ってやる」というそれだけの理由で、あとから1社お金の分配に「オレにも分け前をよこせ！」と言って割り込んでくるわけですから、そりゃまあ関係者にとっては面白い話ではないですよね。
放送局からしたら**「自分たちが支払った音楽使用料の一部が、子会社の音楽出版社に戻ってくる」**わけで、お金の節約にもなりますし、番組のテーマ曲として使った結果ヒットすれば、そのぶん儲かるのですからいいビジネスです。だからこういう仕組みを作ったんだと思いますし、まあそれは仕方ないでしょう。

しかし最近、音楽出版社が楽曲の著作権を管理するだけではなく、自分たちでアーティストを抱えて売り出し始めているので、話がややこしくなってくるのです。

たとえば「テレビ朝日ミュージック」にはケツメイシ、湘南乃風、ＳｏｎａｒＰｏｃｋｅｔ、平井大などさまざまなアーティストが所属しています。

なので、番組プロデューサーに「ぜひウチの所属アーティストをテーマ曲に使ってください」という猛烈な売り込みが行われます。子会社ですから局の入館証も持っていますし、各プロデューサーごとの担当者が決まっていて、しつこく訪問するわけです。

こうなるとプロデューサーもだんだん「自分たちの使いたいアーティストの曲を使ったり曲を作ってもらうようにお願いするより、子会社の音楽出版社の担当者の言うことを聞いたほうがラクかな」という感じになってしまいます。

私のように、そこそこ音楽にこだわりの強いプロデューサーであれば、それでもやっぱりできるだけ自分の番組に合った曲を使いたいのでがんばりますが、さほど音楽にこだわりがなければ、めんどくさくなって、番組にフィットしていない曲を無理矢理使わされるハメになってしまうのです。

ちなみによく〝謎のエンディングテーマ曲〟がある番組を見かけますよね？　オープニングのテーマ曲はずっと同じですが、エンディングにかかる曲が毎月のように代わる番組です。あまり売れていないアイドルの曲など、**よく知らない曲が使われていて、番組のテイストとも合っていないのになぜこの曲を？**　というヤツです。あれはまさに、局の子会社の音楽出版社が儲けるためなのです。

こういうことをしていると、近視眼的には局のビジネスとして儲かるかもしれませんが、大局観的には視聴者がいろいろな違和感を覚えかねず、「テーマ曲なんてヘンな曲ばかり」となってしまいますから、いいことではないと思います。

5

放送の壁

NHK
テレビ東京
地方局
ネット配信
YouTube
Web動画

視聴率と「若者ウケ」を気にするようになってから劇的につまらなくなったNHKの「勘違い」。かつては面白い番組があったのに……

ぶっちゃけ、ここのところNHKはどんどん面白くなくなっていると思います。

私が声を大にして言いたいのは「NHKよ、〝ダサ面白スピリッツ〟を失わないでくれ！」ということです。〝ダサ面白スピリッツ〟という言葉は私が勝手に作ったものですが、民放キー局のテレビマンとして、**「NHKの番組最強の武器は〝ダサ面白スピリッツ〟だ！」**としみじみ実感した経験があるのです。

昔、『コメディーお江戸でござる』という番組があったのを覚えていらっしゃるでしょうか？　1995年から2004年までやっていた長寿人気番組です。この番組が始まったとき、私はテレビ朝日入社3年目で、20代のヤル気にあふれるテレビマンでした。そして、この番組のタイトルを聞いてものすごい衝撃を受けました。

正直、あまりのダサさに「あり得ない。どうかしてしまったのだろうか？」と頭を棍棒《こんぼう》で殴られたような感じでした。タイトルを分解してみましょう。「コメディー」「お江戸」「でござる」と、どの部分も現代日本で流行しそうな要素がない、と思いました。「コメディー」という言葉も古臭いですが、「江戸」にわざわざ「お」をつけて、しかも「ござる」と続けた理由がサッパリわかりません。そもそも「お江戸でござる」とか実際に発音したことがある人物は、江戸時代以降は誰もいなかったのではないでしょうか。とんでもないキリングセンスだ！　と若かった私は言葉を失いました。

でも、いまとなって思うのは、この〝ダサ面白さ〟が良かったのだと思います。『コメディーお江戸でござる』は、NHKを見ているメイン視聴者層である「日本全国の高齢者」にはとても深く刺さる素晴らしいタイトルだったのでしょう。

「テレビは、センスがいい必要はない」。むしろダサくても多くの人に面白いと感じてもらうほうがいい。ダサいくらいが、安心して全国の人に見てもらえる」という貴重な教訓を、この番組は若くて未熟なテレビマンの私に教えてくれました。

これ以来私は、NHKは〝ダサ面白スピリッツ〟というテレビ界最強の武器を持つ巨人だと思って尊敬してきたのです。

最近、「高齢者向け」の民放の長寿人気番組がたくさん終了しています。理由は簡単に言うと「広告価値の評価基準が世帯視聴率から個人視聴率に変わった」からです。最近流行りの「コアターゲット」という言葉を聞いたことがあると思います。広告主がテレビを見させたい相手が「コアターゲット」です。

平たく言うとCMにお金を払う広告主が「若者に見てもらえる番組じゃないとお金は出さないよ」と言っているから、民放は高齢者しか見ない番組を終了させました。民放で番組をつくっているテレビマンたちはいま、「テレビをあまり見ないとわかっているZ世代の若者」たちになんとかテレビを見せようと必死でがんばっています。

ではNHKはどうか？　というともうおわかりでしょうが、NHKでCMは流れませんから「広告主」を気にする必要はまったくありません。「個人視聴率」も「コアターゲット」もどうでもいいはずです。ですから、**高齢者向け番組を終了させる必要はこれっぽっちもない**はずです。

いや、むしろNHKの受信料をまじめに払ってくれているのは高齢者が多いでしょうから、「もっと高齢者向け番組を充実させるべきだ」というのが正しいはずです。なのにNHKは『ためしてガッテン』をはじめ、多くの高齢者向け番組を終了させているのです。

これはおかしな話ではありませんか？

ＮＨＫには日本全国、老若男女が寝っ転がって「ハハハハハ」と笑えるような番組を制作することが求められていると思います。なのに彼らはちょっと勘違いをしているのではないか……と私は大きな懸念を抱いています。

なにか「無理やりにでも若い人に見てもらわなければ」と思っている気がするのです。ひょっとして「Ｚ世代のＳＤＧｓライフスタイルを応援する、ソーシャル連動新感覚双方向バーチャルバラエティ」みたいな感じの、ムダに意識が高くてムダに洗練された、オサレな感じがする〝スタイリッシュ〟な番組を目指していそうなのです。

私にもそこそこ若いＮＨＫの知り合いがいますが、みんな意識が高くて、まじめです。口グセは「ウチはダメですよね。民放さんにいろいろ教えてほしいんです」で、とても腰が低い人ばかりです。だいたいみんないい人なのですが、なんだかわかりませんがやたらと**「新しいことをやらねば」という強迫観念に支配されている**ように感じます。

「若い人に受信料を払い続けてもらうためにも、斬新で面白いスタイリッシュな番組をつくらねば」と思っているのかもしれませんが、それは正しいのか？　疑問に思います。

そしてなぜか視聴率もがんばってとりたがっています。私はＮＨＫの人に会うたびに、

「ＮＨＫは民放ではないのですから視聴率を気にしないでください。ＮＨＫにしかつくれない番組をつくってください」と口を酸っぱくして言っているのですが、なぜかあまりまともに受け止めてもらえません。

若くて意識が高い人間は、いまさらテレビなんか見ないと思います。今後も受信料を払ってくれるのは、「意識高い系じゃない、普通にそのへんにいる若者たち」ではないでしょうか。むしろ〝ダサ面白スピリッツ〟を発揮して、若者向け『コメディーお江戸でござる』を作ったほうがいい。なのに、ＮＨＫに入る人たちはみんなそもそも意識が高いから、〝意識が高くてスタイリッシュ〟な番組をつくりたいのでしょう。

私は大学で教えていたり、ちょうど20歳の息子がいますので、若い人たちと話をする機会は多いですが、彼らから「ＮＨＫの実験的でスタイリッシュなバラエティ」の話を聞いたことはありません。**残念ながら、ほとんど若者には届いていないです。**

その反面、業界周辺のオッサンオバサンからはそれをよく聞きます。「ＮＨＫが斬新な番組をつくっていてがんばってる。素晴らしい」とか言っているのは、正直ほとんど中年〜高齢層ばかりな気がします。ですからＮＨＫにはこれからも、恥ずかしがらずに堂々と〝ダサ面白い〟番組を制作してほしいと、心の底から願っています。

テレ東バラエティが「オンリーワン」で魅力的なのは、「予算がないからロケで鍛える」教育のおかげ

「テレビ東京のバラエティは独自路線を突き進んでいてすごい」と言われることは多いですよね。「テレ東は攻めていて面白い」とか「オンリーワンだから好き」などの理由で、会社の規模は小さいながらも好感度が高いのがテレビ東京だと思います。じつはテレ東には他局には真似できない「バラエティの必勝法」があるのです。

まず、**テレ東バラエティの根本は、「制作費をいかに安く済ませるか」というところからスタート**します。残念ながらテレ東には、他のキー局ほどお金がありません。どこかでお金を切り詰めなければ番組制作ができないのです。では、どこを抑えるか?

少し根本的な話になりますが、バラエティ番組は「ロケVTR」と「スタジオ」で構成されている場合が多いです。そして、日本のバラエティ番組の主流は「いかにスタジオにお金をかけて豪華にするか」で他番組との差別化を図っています。

となると、「いかにたくさんの人気者をスタジオに揃えて面白いトークをさせるか」が勝負となります。その結果、『アメトーーク』や『しゃべくり007』のように、ひな壇に豪華ゲストを揃えてトークをくり広げる「トークバラエティ」が、いまのテレビの主流となってきました。

しかし、テレ東には幸か不幸かお金がありません。ではどうするか？　で、ロケVTRに命をかけることにしたわけです。ロケはスタッフだけで行けますから、さほどお金はかかりません。だったらロケをがんばろうじゃないか！　ということです。

その結果、テレ東に、ある〝伝統〟が生まれました。新人の局員をいったん必ずロケで徹底的に鍛えるのです。**「局の新入社員たち」は、「ロケが巧みな」制作会社のベテランから、まずは基本を叩き込まれる**ことになります。

「面白くない」とやり直しを命じられ、何度も何度も追加撮影をさせられて、ようやく先輩たちのOKが出ます。そして編集も徹底的に叩き込まれます。

こうして、制作会社のベテランからノウハウを吸収した若手の局員たちはいずれプロデューサーになります。彼らは、いつの間にか「ロケと現場の厳しさ」を人一倍知り抜くプロに育っているのです。

そして、そんな彼らが制作会社のスタッフたちに「鬼のダメ出し」をします。通りいっぺんの内容を撮影して帰ってきたら、容赦なく「やり直し」を命じます。他局なら「成立している」とOKしてしまいそうなものも突き返します。制作会社のスタッフのあいだでは、じつはテレ東は「金は出さないが、口はものすごく出す」とおそれられています。

たとえば、『家、ついて行ってイイですか?』では、びっくりするほど多くの「お蔵入り」が出ていますが、まったく気にしません。面白いものが撮れるまで徹底的に粘ります。

そして『YOUは何しに日本へ?』は、「いつ成田空港に行ってもスタッフがいる」ことで業界内で有名です。私も、自分の番組で海外から呼んだゲストに、知らないあいだにその番組スタッフが密着していて驚いたことがあるくらいです。

それから、テレ東はスタッフを専門家にしてしまいます。『開運!なんでも鑑定団』では、専門家の監修をあまりつけず、放送作家も雇わずに、**担当ディレクターが四苦八苦しながら資料の山に埋もれて自力で解説VTRの原稿を書きます。**

そうしているうちに番組スタッフは「お宝のことなら、鑑定士よりくわしい」くらいの専門家になってしまいます。それぞれの専門分野では鑑定士たちにかないませんが、「掛け軸から特撮のソフビ人形まで」なんでもわかる〝お宝のゼネラリスト〟に育っていくというわけです。**「番組予算の少ない分」を「スタッフを育てる」ことでカバーするのがテレ東流**なのです。

『出没！アド街ック天国』では、タレントが食レポをすることはほとんどありません。お金がかかるからです。関東を中心にありとあらゆる街を歩いて「街情報の専門家」と化したスタッフが、「自分の足で稼いできた情報の鮮度」だけで勝負しています。この番組の「料理のブツ撮り」は、徹底的に美味しく見えることにこだわっていて、そのクオリティの高さは業界内では有名です。

「志は高く、カメラは低く」……伝説の番組『ギルガメッシュないと』の初代プロデューサーの名言で、テレ東の社員なら誰もが知っている言葉だそうです。

もともとは「女性はローアングルで撮影したほうがセクシーだ」という意味だったのですが、いまテレ東では新人たちに、「取材先に対しては、いつでもフラットに目線を低くして臨まねばならない」という意味合いで、この言葉を教えているそうです。

テレビ東京の人たちは「ロケ至上主義」だからなのか、とても人格的に温厚な、いい人が多いと感じます。

そしてテレ東には、**「他局のほうが上手にできることは他局に任せる」**という文化があると思います。ずいぶん前ですが「ワイドショーは任せた。バラエティは任せろ」というテレ東の広告を見たことがあります。「どのチャンネルを見ても同じ」ではテレビはつまらないですよね。

自分たちができること、やるべきことをよく理解していて、自分たちの個性を大切に育ててきた社風が、テレビ東京をオンリーワンにしているのです。

テレビ東京だけでなく、ほかの民放各局やNHKにも、ぜひ「自分たちにしかできないこと」と「自分たちがやるべきこと」をもう一度よく考えてほしいと思います。

そうすることによって、日本のテレビがもっと個性にあふれる面白いメディアになり、再び存在価値を上げることができるのではないでしょうか。

かつては「東京頼み」だった地方局が面白い番組をつくり、東京キー局の言うことを聞かなくなったのはいい流れ

非常に地味な部署ですが、東京キー局には必ず「ネットワーク局」という部署があります。彼らがどんな仕事をしているかというと、地方にある系列局との調整にあたったり、系列以外の局に番組を販売したりしています。そんな彼らの仕事の大きな柱となっていて、とても大切なのが系列局に「分配金」というお金を支払うことです。

分配金は「ネット番組を放送する対価としてキー局から支払われるお金」なのですが、ぶっちゃけこの分配金なしに大部分の地方局の経営は成り立ちません。厳しい言い方をすれば、東京キー局は、小さな地方局のネットワークを維持するために、**分配金などで系列局の面倒を見て救済している**側面が大きいのです。

そして、小さな地方局も少し前までは自分たちで番組をつくることは体力的に難しく、ほとんどの番組を東京や大阪などからネットしてもらってなんとか放送枠を埋めていました。経営も番組制作もほとんど東京キー局頼みで、頭が上がらなかったのです。

しかし、状況は大きく変わってきています。東京キー局自体の収益が悪化して、系列局の心配をしている余裕が次第になくなってきているので、「将来的には地方局を統合してある程度の大きさにするべきでは」とか、「潰れる局があっても仕方ない」とか、そんな感じの〝地方局を見捨てる〟ような発言がささやかれるようになってきました。

そして、東京や大阪などの大きな局が積極的にインターネット展開をするようになったことも、地方局には逆風になりました。東京の番組がインターネットで見られて、その収益も全部東京の局に入ってしまうので、地方局の収益をいっそう悪化させてしまうのです。

こうなると、地方局は生き残るためには〝自力でなんとかするしかない〟わけです。東京はアテになりません。自分たちで面白いコンテンツをつくって、それを自力で売らないといけない。「なんとかしないと」とお尻に火がつきました。

インターネットの普及はこうした地方局をあと押ししました。かつては全国に番組をネットするには、東京キー局から放送枠を獲得しなければなりませんでしたが、いまやユーチューブで番組を展開することもできますし、ネットフリックスなどの配信大手に面白いコンテンツを提供すれば、東京キー局を通さずに自力で世界を相手に商売できます。

こうした理由から、どんどん地方局が面白い番組やコンテンツを生み出すようになりました。私の感覚では、テレビ朝日系列の**北海道テレビ放送が『水曜どうでしょう』を成功させたあたりがターニングポイント**になったと思います。

あの番組は大胆に低予算で、手作り感覚の面白さを活かした演出をして、それまでのテレビになかった面白さをみごとに生み出しました。そして『水曜どうでしょう』に触発された地方局の若手テレビマンたちがいま、「これまでのテレビの常識を打ち破る」面白い番組をどんどん制作しています。

これはある意味、テレビの閉塞感を打ち破る素晴らしい動きだと思います。ぜひ、東京のことなど気にせず世界を相手に戦ってほしいですね。

地方局はピンチをチャンスに変えて新しいテレビの可能性を広げたわけです。東京キー局は余計な口を挟まずに、こうした動きをガンガン応援していってほしいと思います。

テレビ番組のネット配信が進まないのは許諾問題。三大障壁は「音楽」「事務所」「スポンサー」

そもそもテレビってなんなのでしょう？　というとなんだか大げさな感じになりますが、もしテレビが「電波を使って放送するもの」という定義だとしたら、もうテレビはまったく時代に合っていないですよね。「放送時間に家でテレビの前にいないと見られない」とか不便すぎますし、「録画予約をセットして」というのも手間がかかりますから、わざわざそこまでするのが時代遅れな気がしてしまいます。

見たいテレビ番組がいつでもインターネットでも見られるようになればいい、と誰でも思いますし、ネットフリックスなどの配信サービスは、言ってみればそれを実現したものだからこそ人気があるのだと思います。

日本の放送局も、ずいぶんと歴史があるわけですから、**局内に昔の名番組の録画が山ほど保存されています。**それを全部インターネットでいつでも見られるようにすれば？　と思ってしまいますが、それを邪魔しているのが日本の厳しすぎる〝権利関係〟です。

まず、けっこうめんどくさいのが音楽の権利処理です。

テレビで音楽を放送するときには「ブランケット契約」という契約で処理されています。各テレビ局とJASRACなど音楽著作権管理団体とのあいだで、「1年間の音楽使用料はいくら」とあらかじめ総額いくら支払うか包括的な契約がなされていて、あとはどんな音楽をどれだけ使用したかをテレビ局側が音楽著作権管理団体に報告することになっています。

わかりやすく言うと、ある局が年間総額1億円の使用料となっていた場合に、その年に使った音楽すべての曲の使用割合でその1億円を割って、著作権者に使用料が分配されるような感じです。使用報告は、原則的に音響効果の担当者がリストを作って、それをまとめて提出します。これによって、**放送局はどれだけ曲を使っても定額の使用料を支払うだけでOK**なのです。

しかし、インターネット配信の使用料は、「ブランケット契約」になっていません。あらためて配信での使用料を別に支払わなければならないのです。使用料がいくらなのかも各権利者ごとにまちまちです。使用を許可してもらえるかどうかもわかりません。

放送局が昔の番組をネット配信するには、まずこの音楽使用料の許諾をいちいちクリアして支払いをしなければならないのです。これは想像以上に大変な作業です。

ちなみにいま制作されている番組では、こうした音楽の権利処理を簡単にするために、はじめからインターネット使用を考えて「著作権フリー」の曲を使用することが多くなっています。こうすれば放送後にネットで配信するときにもめんどくさくありません。

古い番組をネット配信するには、さらに、**出演者の許可とネット配信のギャラも支払わなければなりません**。どんなチョイ役の人でも、原則すべてです。中には、もう引退してしまっていて連絡先がわからないような人がいたりすると、探すだけでも大変です。

こうした問題があるからインターネットでの昔の番組の配信はなかなか進まないのです。外国ではもっと簡単に権利を処理できるようになっている国も多いので、日本もぜひそうなってもらいたいものです。

さらに、ネット配信で言えばもう1つなかなか進まないのが「見逃し配信」や「同時配信」です。ある番組を放送するのと同時にインターネットでも配信すれば、家にいなくてもスマホなどで見られて便利ですが、これにも1つ大きな問題があります。

それは「スポンサー」への配慮です。インターネットで番組を配信することは、地上波の番組に提供してくれているスポンサーに対して、「地上波を見る視聴者がそのぶん減るから申し訳ない」という忖度などがあってなかなか進みませんでした。

そんなことを言っていたら、テレビ局はいつまでたってもネットに進出できなくなりますから、さすがにそういうケースはだんだんなくなり、スポンサー側もネットにも別で広告出稿する形で逆に効果を狙うようになってきました。ですから、見逃し配信や同時配信はようやくここのところだいぶ進んできましたが、ここまでくるのにはかなりの紆余曲折があったのです。早く地上波全番組をネットで同時配信できるようにしてもらいたいと思います。

ちょっと話はそれますが、じつは地上波デジタル放送は1つの波を3つに分けられることをご存知でしょうか？　画質は少し落ちるのですが、**1つのチャンネルの「容量」を3つに分割して、同時に3つ別の番組を放送することがいつでも可能**なのです。

しかし実際には、NHKが高校野球中継などのときに使うことがあるくらいでしょうか。あとは首都圏で言えば東京メトロポリタンテレビジョン（東京MX）が「MX2」として定期的に2つめのチャンネルを使用していますが、ほかの局はほとんど使っていません。なぜだと思います？

じつはこれも「スポンサーへの忖度」が大きいと言われています。別の番組を裏で放送すれば、そのぶん視聴者が分散してしまって「スポンサーに申し訳ない」という理由で、便利な**「チャンネル分割機能」を使う局がほとんど現れない**ようです。

視聴者の利便性向上を考えれば、当然いろんな番組をどんどん放送するべきではないか、と率直に思うのですが、おかしな話ですよね。

以上のように、日本の放送局はどこか「視聴者よりも別の方向のこと」を優先して考えてしまうため、なかなか新しいことにチャレンジしたがらない傾向があります。

民放であれば、「視聴者よりもスポンサー」と考えてしまいがちですし、ＮＨＫであれば「視聴者よりも政治家」を優先して忖度してしまい、「本当に視聴者にとって便利になるにはどうすればいいか」ということをあと回しにしてしまうのは良くないことです。

放送局は「サービス企業」だと私は思います。もっと「サービス精神旺盛」に、がんばって新しいことにどんどんチャレンジしてほしいものです。

タレントは「もうテレビには出ない」と反旗を翻し、優秀なテレビマンも次々テレビを見捨ててユーチューブに鞍替えする時代になった

「テレビに出ずにユーチューブで活躍している芸能人」と言うと、西野《にしの》亮廣《あきひろ》さんや中田《なかた》敦彦《あつひこ》さん、江《え》頭《がしら》2：50さんなどいろいろな名前を思い浮かべることができるでしょう。そこまで有名なタレントさんに限らず、活動のメインをテレビからネットに移し始めている人が最近増えてきています。

いろいろな理由はあると思いますが、やはり**ネットは自分の思うように自由に活動ができるというのが大きい**でしょうね。もともとは「テレビはメディアの王様」と言われたように、テレビの影響力があまりに大きかったので、多少不自由でいろいろ無理な要求をされてもテレビにしがみついてきたタレントさんたちの考え方が変わってきました。

テレビはやはり使い捨てで、「自分としてどう育っていきたいか」という将来へ向けての計画も立てづらいので、無理もありません。価値観としてもいまの若い世代のタレント

さんたちは「やりたくないことをやって有名になる」よりも「マイペースでライフスタイルを大切にしていく」ことを重視する傾向もあるのでしょう。

ユーチューバーが子どもたちの人気の職業になり、社会的ステイタスが上がるのと比例して、テレビ出演のプライオリティを下げるタレントさんが増えている印象です。Ｐ１５４〜にも書きましたが、テレビのギャラは意外と高くないので、ネットのほうがお金になるという理由もけっこう大きいと思います。

そしてじつは、テレビを見限り始めているのは出演者だけではありません。〝テレビマンたちのテレビ離れ〟もすでに始まっています。

テレビ局で将来を期待されていた**有能な人なのに、局を辞めてネット動画制作に転職する人**がここのところ増えてきました。裏方として、タレントのユーチューブを制作する人もいますし、自分で人気ユーチューバーとなって、「出役」として活躍し始めている人もいます。

そういう人たちに話を聞いたことがあるのですが、共通して言えるのはみんなとても楽しそうに働いていること。じつはテレビとネット動画ではずいぶんと制作方法は違いますし、テレビで身につけたノウハウがそのまま通用するわけでもないので、試行錯誤も多いはずで大変だと思うのですが、それでも自由なのがいいのでしょうね。

そんなに優秀なテレビ局員ではなかった私でも、独立してからのほうがずっと自由で楽しいです。やはりテレビというのはオールドメディアになってしまって、あまりにもいろいろなしがらみが多くて、自由に制作できないのが苦しいのです。しかも、会社組織としてもそれなりに古くなってしまったからか、ヘンな派閥争いや出世競争などがめんどくさいことこの上なしで、やりたい仕事をやれる立場になるだけで大変です。


そして、**番組制作会社もいま大きく2つに分かれ始めています。**テレビ業界にズッポリハマって、制作単価の高いテレビだけをできるだけつくって生きていこうとする古い会社と、安い単価でもネットの新しい動画コンテンツをたくさん制作して経験値を積み、これからの時代に対応しようとする若い会社。どちらの道を選ぶか……この差はきっとこれから大きく開いてくるのだと思います。

なぜ制作会社の中に「テレビにしがみついている古い制作会社」があるのかというと、社員の高齢化が激しいからだと私は思います。

制作会社の利益は、「管理費」と呼ばれます。番組の制作費は、いろいろな経費の合計額に、一定の比率の「管理費」を上乗せして計算されるのですが、通常テレビ番組の見積もりでは、制作会社の管理費は「低くて5％。高くて15％」くらいが一般的です。

制作会社渡しが1億円なら、制作会社の利益は5％で500万円です。しかし、実際にはけっこう裏があって、だいたい見積もりに書かれている以上の利益を上げるために制作会社は経費の額を多めに書いています。

高齢化が進んだ古い会社では、この表向きの利益では**「高齢化して働かないお年寄り」を養っていくことができません。**ある「老舗中の老舗」の番組制作会社は、こっそり社内のルールで「管理費25％を必ず確保すること」と社員たちに命じています。もちろん局に見積もりを出すときにはもっと低い率の管理費を書いて出しているのですが、実際には会社は、どんな番組からも25％を利益としてカウントし、その利益が差し出せないと、プロデューサーが赤字を出した責任を問われます。

これは一応業界内では〝ナイショの話〟なのですが、テレビ局員たちはみんな知っています。「あそこに頼むと高いし、演出も古くさいから」と敬遠され気味です。制作会社でつくる立場としても、会社に25％も上澄をすくわれてしまっては、低予算のネット動画を制作するのは難しいので、あまり手を出すこともできません。

そうなれば新しいノウハウは身につきませんから、どんどん時代から取り残されていき、有能な若手は次々に辞めていく……そしてさらに「お年寄り率」が上がっていくという悪い循環になってしまっています。

こうした旧態依然とした制作会社に限って、ムダがとても多いので経営の足を引っ張ってしまっています。

いまや動画コンテンツは、機材やスタジオなどをできるだけレンタルで制作しないと利益は上がりません。撮影機材や編集機材もどんどん新しいものが発売されていきますから、それをいちいち買い揃えるとお金がいくらあっても足りません。オペレートも外部のプロに依頼するのが手っ取り早く安価です。

作業する場所も、オフラインセンター（粗い編集をする場所）など外部の場所を機材込みで借りるのが安く、壊れたときにも24時間メンテナンス対応してくれて便利です。

なのに**旧態依然とした制作会社は、自分たちで撮影部を持ち、編集所も持っていて、**いつ行っても人がまばらなのに立派な本社があったりします。

とにかく時代に合わせて身軽な経営規模になり、ユーチューブをはじめとする身軽なネットコンテンツを制作しなければ、生き残っていけないのです。

Web動画

タテ？ ヨコ？ 映像業界人たちが頭を悩ませる「動画のサイズ問題」に結論は出なくて当たり前

私はテレビ朝日にいた頃に、ABEMA TVの立ち上げに関わりました。2016年4月に本開局するちょうど1年くらい前から開局準備に参加したのですが、そのときにはすでに「インターネット配信する動画のサイズ」がかなり話題になってました。「これからの時代に、動画はタテ長とヨコ長とどちらがいいか？」という話です。

映画で初めて「動画」というものが登場して以来、テレビ全盛の時代までこの問題はまったく話題にもなりませんでした。なぜなら動画は当然のように「ヨコ長」しかなかったのですから。

我々動画制作界隈の人間のあいだでもっともよく語られているのは、**「人間の眼はヨコに並んでいるのだから、当然動画もヨコ長のサイズがしっくりくる」**という定説です。たしかにこれは非常にわかりやすいし説得力があります。

ですから、「動画と言えば映画かテレビ」だった時代には、動画のサイズはどんどんヨコ方向に伸びていっていました。地上波テレビはアナログからデジタルに変わるのを機に「4：3」から「16：9」に変わってさらにヨコ長になりましたよね。あんな感じです。

しかし、ここのところよく言われるのは、**「スマホはタテにして使うのがしっくりくるから、動画もタテのほうがいい」**という話です。たしかに、スマホを持つとき、人は自然にタテにしてしまいます。

その証拠に、台風などが接近しているときにテレビのニュースを見てみてください。なぜか視聴者が撮影した「提供映像」はタテ長のものが多いです。いつも我々テレビニュースの関係者は「どうしてスマホをヨコにして撮影してくれないんだろう？」と不思議に思うのですが、きっと目の前でお天気がすごいことになっていて、とっさにスマホを出して撮影すると自然とタテにしてしまうのでしょうね。

つまり、「スマホ自体がタテにして使うのに向いている」のはたしかなようです。

そう言われて考えてみると、満員電車の中などで少しでも場所を取らずに使うにはタテがいいですよね。それに、テキストを読むにもタテが向いていると思います。なぜならヨコにして読むと目の移動幅が大きくなりますし、改行したときに行を飛ばしてしまったりして読みにくいですよね。ゲームもなんとなくタテがしっくりきます。

ということで、「スマホでする作業」は文句なくタテが向いていそうです。だからそれに合わせたら「タテ長動画」がスマホにはいい、というのは正しいでしょう。

もう1つ、タテ長がいい理由が「人間はタテ長である」ということです。有史以来、人類が描いてきた「絵画」を思い出してみてください。人物を描いた「肖像画」はだいたいタテ長ではないでしょうか？　「モナ・リザ」はタテ型ですよね？　浮世絵の歌舞伎役者もタテ長ですし、フランシスコ・ザビエルもタテ長が思い浮かびます。やはり人間自身がタテ長ですから、画面サイズはタテがいいのでしょう。

そうなると、**人の話が中心となる動画、つまりインタビュー系はタテ長が向いている**と言えるかもしれません。たしかに我々テレビマン的に言うと、いつもインタビューを撮影するときにヨコ長だと画面の構図に迷います。ちょっと左右に余るんですよね空間が。タテならばしっくりきます。

さて、「絵画」に話を戻しますと、「風景画」はどうでしょうか？　ざっくり言うと「ヨコ長」が多いでしょう。やはり「人間の眼がヨコに並んでいるから」なのか、ヨコ長のほうが「広大さ」を感じやすいからなのか。

たぶん、いろいろな場所の美しい景色を見せる、などの目的がある場合には間違いなくヨコ型動画が向いているのでしょう。

じつはとある番組で「これからの時代は、若者にウケる動画はヨコ長である」みたいな内容の放送を見て、本当かな？　と思ったので、**「同じ動画をタテヨコ同時に撮影する」という実験をしてみたこと**があります。

まったく同じ内容の動画を2種類同時に撮影して（つまりスマホをタテとヨコにして2台を両手に持って）、それを同じ長さで編集して、同時にユーチューブで公開したのですが、再生回数はほぼ変わりませんでした。

ちなみにこの動画を撮影するときに実感したのですが、「撮影する対象が止まっている」動画はタテ長でも撮影しやすいのですけれど、「撮影対象が動いている」つまり歩いていたりするとタテ長でそれを追いかけて撮影するのはメチャメチャ大変でした。

やはり「タテ長とヨコ長とどっちが優れている」などという単純な話ではないわけです。もし「これからの若者はヨコ長動画は嫌いで、タテ長動画が好き」なのであれば、映画館ではとっくにタテ長動画を上映しているでしょうし、ユーチューブもタテ長ばかりになっているでしょうけど、現実にはそうはなっていませんよね？

その一方で、TikTok や Instagram などの短いＳＮＳ動画はほぼタテ長が主流です。あと、「スクエア」といって、正方形の動画もけっこう見かけます。

私が大学の授業で、学生たちに動画を制作する課題を出したときに、「1分以内のショート動画を、自由なサイズでつくりなさい」と言ったら、大部分の学生がタテ長でつくりましたが、「10分くらいの動画をつくりなさい」と言ったら大半がヨコ長を選びました。

彼らZ世代は直感的に「短い動画はタテ、長い動画はヨコ」と感じているのでしょうね。


やはり「動画のサイズ」は「その動画の制作された目的や、見られる状況によってどのサイズがいいのかは異なる」というのが正しいのです。

まだ「これ！」といった結論は業界内でも出ていないと思いますが、私の考えだと、
①尺が長い動画は「ヨコ長」がいい。尺が短い動画は「タテ長」がいい場合も多い
②スマホなどで「場所を問わず見られる動画」はタテ長。じっくり見る動画はヨコ長
③インタビューが多い「実用型動画」はタテ長。「娯楽型動画」はヨコ長
といった感じではないでしょうか。

おわりに

「お約束」の破壊で、テレビが生まれ変わることを願って。

みなさん、どうもおつかれさまでした。最後まで読んでいただきありがとうございます。

テレビ業界の現状、ご理解いただけましたでしょうか？

読み終わったらご理解が深まったかと思いますが、テレビ業界はそんなに大したスケールのところではありません。ＮＨＫを除けばしょせんは中小企業ばかりです。

よく「テレビ局が世論を操ろうと計略をめぐらしているのではないか」などの陰謀論がささやかれたりしますが、**世論を操作する余力などテレビにはありません。**少人数で、その日の放送に穴を開けないように、必死でがんばっているだけというのが実情です。

取材力はさほどありません。賢い人間が多いわけでもありません。世間のみなさんと比べて知識も経験も深いわけではありません。よくいろいろ間違いもしてしまいます。

現場のテレビマンたちは、ブラックな環境でオロオロしながら働いています。

私はこうした「飾らないテレビの内部事情」を理解してもらえることが、テレビが生まれ変わるための第一歩だと思っています。

パンツ一丁になって恥ずかしい面もさらけ出して出直すことが、いまテレビがいちばんやるべきことなのです。「ええカッコ」をするのはもうやめなければなりません。

あと、私たちテレビマンはいつでも「視聴者のみなさんのため」だけを考えて仕事をするべきです。視聴者のみなさんが喜んでくれるような、面白くて役に立つ番組をつくることだけを目指して仕事をしていくのが使命です。

テレビマンは「お約束」という言葉をよく使います。長年のしがらみだったり、いろいろなオトナの事情だったり、上司やスポンサーの顔色だったり……。

そんな「お約束」を破壊してこそ、テレビは面白く生まれ変われるのだと信じています。

下品で俗悪でくだらないテレビを、これからもご贔屓《ひいき》に願います。

鎮目博道（しずめ・ひろみち）

テレビプロデューサー・演出・ライター

1969年広島県生まれ。早稲田大学法学部、デジタルハリウッド大学大学院卒。デジタルコンテンツマネジメント修士（専門職）。92年にテレビ朝日入社、社会部記者として阪神・淡路大震災やオウム真理教関連の取材を手がけたあと、『スーパーＪチャンネル』『スーパーモーニング』『報道ステーション』や報道制作班などのディレクターを経てプロデューサーとなり、ニュース番組や情報番組などを中心に数々の番組をプロデュース。中国・朝鮮半島取材やアメリカ同時多発テロなどをはじめ海外取材を多く手がける。ABEMAのサービス立ち上げにも参画し、『AbemaPrime』『Wの悲喜劇』などの番組を企画・プロデュース。2019年8月に独立、現在は「シーズメディア」代表として、放送番組やWEB動画などのプロデュース・総合演出を手がけ、TOKYO MX資本の制作会社「東京チャンネル9」プロデューサーでもある。執筆活動では、「夕刊フジ」の連載「鎮目博道のテレビ用語の基礎知識」をはじめ、「現代ビジネス」「FRIDAYデジタル」「プレジデントオンライン」「弁護士ドットコム」などでテレビに関する論考を寄稿。さらに、江戸川大学メディアコミュニケーション学部やMXテレビ映像学院で講師として映像制作を教えている。著書に『アクセス、登録が劇的に増える！「動画制作」プロの仕掛け52』（日本実業出版社）がある。

STAFF
文　鎮目博道
企画・プロデュース・編集　石黒謙吾
デザイン　杉山健太郎
DTP　藤田ひかる（ユニオンワークス）
制作　（有）ブルー・オレンジ・スタジアム

腐《くさ》ったテレビに誰《だれ》がした?
「中《なか》の人《ひと》」による検証《けんしょう》と考察《こうさつ》

2023年 2月28日　初版第1刷発行

著者　鎮目博道《しずめひろみち》
発行者　三宅貴久
発行所　株式会社 光文社
〒112-8011 東京都文京区音羽1-16-6
https://www.kobunsha.com/
TEL　03-5395-8172（編集部）
03-5395-8116（書籍販売部）
03-5395-8125（業務部）
メール　non@kobunsha.com
落丁本・乱丁本は業務部へご連絡くだされば、お取替えいたします。
印刷所　萩原印刷
製本所　ナショナル製本

R〈日本複写権センター委託出版物〉
本書の無断複写複製（コピー）は著作権法上での例外を除き禁じられています。本書をコピーされる場合は、そのつど事前に、日本複写権センター（☎03-6809-1281、e-mail: jrrc_info@jrrc.or.jp）の許諾を得てください。
本書の電子化は私的使用に限り、著作権法上認められています。
ただし代行業者等の第三者による電子データ化及び電子書籍化は、いかなる場合も認められておりません。
©Hiromichi Sizume 2023　Printed in Japan
ISBN 978-4-334-95363-8 C0095